日本「原子力ムラ」昏迷記

SAKURAI Kiyoshi
桜井淳

論創社

まえがき

私は、主に、二〇一四〜一五年にかけ、この原稿を執筆しました。内容は、誰でも読めるように、かみ砕いて表現してあるものの、工学的には、かなり、高度な専門性がなければ、本当の意味は、読み取れないかもしれません。特に、「第Ⅳ章　考察」の中の「『石川仮説』の批判的検討――福島第一原発事故の事例研究」(一五七頁)は、これまで、誰ひとり、真正面から、学術的に検討していませんでした。本書のオリジナリティはその点に表れています。

本論は、「第Ⅲ章　原子力安全論」と「第Ⅳ章　考察」ですが、いきなり、本論に入るのではなく、執筆した当時の社会的不祥事から社会背景を読み取り、本論につなげるように工夫しました。

「第Ⅰ章　社会論」では、社会と科学を読み解くＳＴＳ (Science, Technology and Society) の視点、ＳＴＡＰ細胞 (Stimulus-Triggered Acquisition of Pluripotency cells) をめぐる小保方問題、朝日新聞社の生み出した数々の不祥事について、「第Ⅱ章　社会安全論」では、どこにポイントを置くわけでもなく、全体的に、三・一一後の視点、地震対策、マレーシア機行方不明、ヒマラヤ山岳事故、スイス登山環境、リニア中央新幹線、新産業素材、状態監視技術、ドローン技術について、「第Ⅲ章　原子力安全論」では、原子力機構の不祥事、原子力施設の設置されている各都道府県の原子力安全対策委員会の欠陥、静岡県防災・原子力学術会議の感想、新技術基準、安全審査、福島第一原発事故の解釈について、特に、「原子力ムラ」のメカニズムの体験的分析にオリジナリティがあり、「第Ⅳ章　考察」では、福島第一原発事故の解釈間違いや未解明問題、被曝疫学調査結果の不確実性、新技術基準における火山立地・影響評価、予防原則（Precautionary Principle）、「石川仮説」について、まとめました。「石川仮説」の分析をとおして、原子力推進者の専門知識や事実認識が、とてつもなく、いい加減であることに気づき、深く失望しました。

原研の研究者が開発した計算コードは、例外もありますが、大部分は、実用にならず、ただ、論文や研究報告書止まりで、決して、好ましいことではありません。そのような結果が誰の目にも明確になったのは、福島第一原発事故時（緊急時迅速放射能拡散予測計算コード　ＳＰＥＥＤＩ：System for Prediction of Environmental Emergency Dose Information）と事故後（苛酷炉心損傷事故計算コード　ＴＨＡＬＥＳ：Thermal Hydraulic Analysis of Loss-of-coolant, Emergency core cooling and Severe core damage）の計算でした。

前者は、放出放射能量が明確になって初めて役に立つ実用的な計算ができるため、今後、事故直後の対応については、ＳＰＥＥＤＩに依存せず、周辺の放射線量率の測定値を主体に、避難方針を決定することになりました。後者は、事故後、採用されず、東京電力は、ＭＡＡＰ（米電力研究所が電力会社用に開発、Modular Accident Analysis Program）、原子力基盤機構は、ＭＥＬＣＯＲ（Methods for Estimation Leakages and Consequences of Releases　米原子力規制委員会の管理下においてサンディア国立研究所が規制機関用に開発）、原子力学会事故調は、ＳＡＭＰＳＯＮ（Severe Accident analysis code with Mechanistic, Parallelized Simulations Oriented towards Nuclear field　原子力発電技術機構が開発してエネルギー総合研究所に管理主体を移行）を採用しました。

ＴＨＡＬＥＳは、確率論的リスク評価のレベル２のソースターム評価のために開発された苛酷炉心損傷事故計算コードで、開発者は、原研の阿部清治さんです。東京大学大学院工学研究科で、近藤駿介教授の指導により、学位論文になった仕事です。しかし、世の中に役立つような実用レベルの計算コードではありませんでした。

原研で初期に開発された確率論的リスク評価のレベル１（炉心損傷確率計算）の計算コードでは、機器故障・人為ミスだけ考慮し、外的要因（地震・津波・竜巻・ハリケーンなど）は、まったく考慮していませんでした。レベル２（ソースターム計算）の段階で開発されたＴＨＡＬＥＳは、ＭＡＡＰやＭＥＬＣＯＲやＳＡＭＰＳＯＮに劣る機能しかなく、また、原子力機構における人材と計算コード保守からなる組織制度が適切でなかったため、福島第一原発事故の苛酷炉心損傷事故の計算には、採用されませんでした。

レベル１において、外的要因が考慮されるようになったのは米原子力規制委員会研究報告書NUREG-1150（1990）からです。日本では、二〇〇七年七月一六日に発生した新潟県中越沖地震を契機に、原子力基盤機構が、日本の代表的なＰＷＲとＢＷＲで計算し、地震に起因する炉心損傷確率が、年間平均一〇のマイナス四乗であることを示しました。三・一一まで、確率論的リスク評価には津波は、考慮されていませんでした。日本の評価法は、常に、米国の後追いで、現実対応では、後手後手に回って、使い物になりませんでした。

私は、本書において、「石川仮説」の検討に、最も時間をかけました。しかし、長い間、関心のあった問題は、低線量被曝の疫学調査の不確実性でした。低線量のひとつのめやすは、社会的に、学術的に、一〇〇mSv以下とされています。世界には、低線量被曝にかかわる学術的疫学調査が、数ケース、存在します。それらは、被曝線量とリスクの間に、きれいな正の相関関係が表れているため、誰しも、学術的に確定した真実と受け止めているかもしれません。しかし、そうだろうか？私は、本書において、これまで、「真実」と受け止められていた問題を考察し、何が真実で、何がそうでないか、明らかにしました。

注意して調査・考察したつもりですが、表現上や編集上の問題のため、意図しない解釈も生じるかもしれません。賢明な読者諸氏の評価をいただきたい。

二〇一五年九月一四日（六九歳の誕生日に）

桜井　淳

日本「原子力ムラ」昏迷記

目次

日本「原子力ムラ」昏迷記

第Ⅰ章　社会論

福島第一原発事故をめぐるＳＴＳ研究者への違和感

三・一一以降、多くの作品（学術論文、調査報告書、エッセー、啓蒙書、学術書など）が出版されましたが、大部分は、事故後の後知恵での論理展開で、違和感を覚えます。

牧野淳一郎先生（駒場キャンパスのゼミでは五年間もお世話になり、本来の専門分野である宇宙物理学とそれまでの研究業績については、十分認識）の『原発事故と科学的方法』（岩波書店、二〇一三）は、市民に対し、科学的な考え方とはどのようなものかという視点では参考になりますが、やはり、事故発生から数日後の情報に基づく、事故直後の混乱への批判的検討であり、違和感がないわけではありません。

世界で発生した大きな事故では、例外なく、すべての事故において、発生直後から一〜二日後まで、何も分かりませんでした。

軽水炉安全性研究者ならば、原発が電源を失って冷却できなくなったらどうなるかという一般論は、誰でも知っていますが、だからと言って、福島第一原発で、事故初期の頃、そのようなことが進行しているとは、断言できず、研究者の情報発信の確実性の確保という方法論からすれば、確からしい情報が世の中に出るまでには、時間がかかるのも理解できることです。

三・一一にともない発生した広範な分野の事象と被害に対し、ＳＴＳ（Science, Technology and Society）研究者が、あまりにも、自身を第三者と位置づけ、論理展開していることに、違和感を覚えます。ＳＴＳ研究者も加害者です。ＳＴＳ研究者も科学者です。神に選ばれた「特別な科学者」ではありません。尾内隆之・調麻佐志編著『科学者に委ねてはいけないこと――科学から「生」をとりもどす』（岩波書店、二〇一三）を読み、複雑な心境に陥りました。

『原発事故と科学的方法』と『科学者に委ねてはいけないこと――科学から「生」をとりもどす』をテーマに深く考えてゆきたい。

意外と脆い伝統科学と現代社会

世の中は、信頼関係で成立しており、誰かが、特別な意図を持って、ニセ情報を流したならば、たとえ、世界の最高権威でも、すべてひっかかってしまうでしょう。

世の中にはニセ物を見抜く力はありません。ある程度、形式を整えていれば、通過してしまいます。学会論文誌原著論文でもやろうとすればいくらでもできます。やらないのは、できないからではなくて、無意味だからです。

小保方晴子さんは、一瞬にして、権威が砂上の楼閣であって、脆いものであることを世の中に示しました。科学の世界、もっと大きく言えば、現代社会は、あのように脆いものなのでしょう。

「NHKスペシャル」では、STAP(Stimulus-Triggered Acquisition of Pluripotency cells)細胞は、「小保方さんが若山照彦研から盗み出したES(Embryonic Stem cells)細胞(識別のために特別な書き込み入り)の悪用」と断じていますが、これまでの報道内容からすると、矛盾点もあり、また、統一的に説明できません。

矛盾点とは、

- 小保方さんのレシピどおりに実験して、STAP細胞を作った理化学研究所(理研)研究者がいたこと
- 理研にいた頃、若山さんもSTAP細胞を作っていたこと

です。それらの証言がウソということもありえます。

「NHKスペシャル」のストーリーからすれば、ふたつの事例でも、小保方さんが夜中に彼らの実験室に無断で侵入し、こっそり、ES細胞を混入させたということになります。しかし、そこまで徹底するとは、思えません。

いずれにしろ、STAP細胞が本物であれば、笹井芳樹さんは、自殺しなかったでしょうから、笹井さんの自殺によって、STAP細胞の本質が明確になったと言えるのではないでしょうか?

最近の科学の弊害

理化学研究所（理研）の不祥事について、特に、巨費科学において、世界一流の学会論文誌原著論文には、発表者の氏名が数十人程度ではなく、多い場合には、一〇〇〇名にも達しています。ひとりの研究者は、ごく一部しか担当しておらず、全体がどうなっているのか、まったく分からない状態です。

ＳＴＡＰ細胞の不祥事は、巨費科学ではありませんが、研究は、秘密性が高く、役割分担されているため、全体がどうなっているのか、的確な手順で、信頼性の高い結果が得られているか否かなど、全体を見渡せる研究者がおらず、木に竹をつなぐようなことをして、論文を作成しているのです。

研究者間の信頼関係だけで成立しており、誰かが、たとえ、悪意がなくても、ミスをすれば、全体が足をすくわれる結果になってしまいます。若山さんと笹井さんは、優れた業績をあげた、世界有数の研究者ですが、私の目には、現代科学が抱えている弊害に巻き込まれた犠牲者のように映りました。

ふたりとも他人を疑うことのない極めて真面目な人間だったと推察いたします。特に、笹井さんは、自身の人の好さと甘さに気づき、泣きたい心境であったと推察いたします。まるで、他人の借金の保証人になり、自己破産した世間知らずのように映りました。

小保方問題の本質

小保方問題を重く受け止めています。

小保方さんは研究者としての基本的条件を満たしていませんでした。日本の博士課程教育の欠陥を露呈したものと受け止めています。

博士学位を得るには、欧米では、博士課程に在学することが条件ですが、日本では、欧米にない特典があり、博士課程在学（課程博士ないしコース博士、分類では甲類）の他、学部卒業後一〇年間、大学・研究機関・企業で研究・技術開発に携わり、学会論文誌などに数編の原著論文があり、博士学位を審査（論文博士、分類では乙類）してくれる大学があれば、審査可能になっています。

私は非常に厳しい条件で論文博士学位審査を受けました。学会論文誌掲載済み原著論文七編、そのうちの一編は米国原子力学会の論文誌に掲載された原著論文という条件でした。普通は、三編くらいですから、非常に、厳しい条件に耐えたことになります。

東京大学でも、専門分野によって異なりますが、博士課程の単位を取得すれば、学会論文誌掲載済み論文一編でも博士認定されます。私はずいぶんゆるいと感じました。課程博士というのは実力がないと感じました（ただし、分野によっては、数編、普通、七年間も在学しなければならない例もあります）。

学部卒業後一〇年間、大学・研究機関・企業で研究・技術開発に携わり、学会論文誌に数編の原著論文で博士学位を得た方が、研究手法や研究倫理において、はるかに上だと感じました。

小保方さんは、日本の課程博士の欠陥を背負って社会に出てしまい、現実社会に直面し、脆くも、崩れました。気の毒でなりません。しかし、研究者ばかりでなく、人間だれしも、社会に出て、基本的なルールを身につけ、その上、さらに、特別な資格の取得であって、資格にふさわしい学術的実力と実績ばかりでなく、人間的条件（教養・倫理・人格）を備えていなければなりません。小保方さんにはそれがありませんでした。

私は、東京大学の学位審査基準を体験していますが、早稲田大学については、聞いたことも、関心もなく、何も把握しておらず、良いのか、普通なのか、よくないのか、まったく分かりません。しかし、小保方さんの例からすれば、まちがいなく、二流の博士学位でしょう。審査員のひとりが論文を読んでいないことと、審査会に出席していないことを告白しました。審査がいいかげんであったことを告白したのです。それは、常識的に考えれば、審査無効です。

大きく言えば、小保方問題は、日本の博士課程教育の欠陥を社会に曝しました。日本は、文部科学省の方針で、最近の四半世紀、実力のない博士を数多く世の中に送り出してしまいました。その一例が小保方さんでした。私は、いつか、このようなことが起こるのではないかと、ずっと、懸念していました。

ＳＴＡＰ細胞をめぐる科学論やＳＴＳからの視点

遺伝子解析した理研研究員が「ＳＴＡＰ細胞はＥＳ細胞に酷似」とする原著論文がその分野の学会論文誌に掲載されました。これまで報じられた内容ですが、学会論文誌に原著論文として掲載されたことは議論の信頼性を増します。

ＳＴＡＰ細胞とＥＳ細胞は、細胞の構造が明確に異なり、前者はそのままの細胞構造、後者は細胞に人工的な加工が加えられています。ですから、共同研究者の若山さんのように知識・経験とも十分すぎる研究者が、なぜ、最初から、おかしいと気づかなかったのか、理解しがたい出来事でした。

小保方さんの目的が何であったのか、計りかねます。ただ、言えることとは、世の中の権威というのは、組織・査読とも、虚構に近く、意図したら、簡単に崩れるということです。小保方さんはそれを見事に実証して見せました。小保方さんの方法論は科学論やＳＴＳの視点からは歴史的成果なのではないでしょうか。

「論文捏造」の構造分析

二〇一四年末に、村松秀『論文捏造』（中央公論新社、二〇〇六）を読んでみました。

この本は、ＮＨＫスペシャル「論文捏造」の成果であり、おカネと時間をかけたため、非常に中身が濃く、オリジナリティの高い内容です。

この本は、米ベル研で、一九九八〜二〇〇三年の五年間に、発生したヤン・ヘンドリック・シェーンによる、有機超伝導体研究にともなう論文捏造（六三編、そのうち、八編は商業科学誌『Nature』、八編は商業科学誌『Science』）の詳細を解明したものです。

シェーンと小保方晴子さんの論文捏造の構造は、驚くほど多くの共通点があり、相違点は、ほんの僅かでした。

（1）共通点

	シェーン	小保方
年齢	二七〜三一歳	二八〜三一歳
最終学歴	独コンスタンツ大学Ｄ	早稲田大学理工
博士学位	取得	取得

所属	米ベル研	理研
指導者	バトログ	若山ら
職位	契約研究員	研究員
論文数	六三編	二編
評価	ノーベル賞候補	ノーベル賞候補
不正論文撤回数	一六編	二編
手口	まったくのでっち上げ	手品なような手口
不正発覚後の学位	取り消し	取り消し
不正発覚後の職位	解雇	依願退職
調査委員会	外部四名所内一名	すべて外部七名
認否	否認	否認
大学院での不正	改ざん確認	改ざん確認
退職後の行方	独小企業	不明

(2) 相違点

	シェーン	小保方
性別	男性	女性
不正発覚期間	五年後	直後

両者とも、非常に初歩的手口での研究捏造であり、専門家が冷静に見れば、見破れる内容であったにもかかわらず、一流組織と一流指導者と一流掲載誌という形式的権威を鵜呑みにしてしまい、社会（国民、マスコミ、研究者）が、自ら考えようとしませんでした。しかし、小保方さんの場合、『Nature』論文掲載直後に不正が発覚したことは、社会が、シェーン事件から多くのことを学んだ結果であり、社会は、曲がりなりにも正常に機能していることを示しています。若山さんは、「理研ではＳＴＡＰ細胞を作成できていたが、山梨大学では、一度も、成功していない」と語っていましたが、そこに重大な意味があり、理研では、小保方さんが、隙を見て、ＥＳ細胞（胎盤を生成できるＦＩ幹細胞も混入）を意識的に注入したことを証明しています。

オリジナリティの高い研究内容であれば、世界中のその分野の研究者が再現実験をし、真偽を確認しますから、研究捏造は、絶対に、成立しません。シェーンも小保方さんも、人生経験が浅く、社会や学界を正しく認識できていなかったために陥った軽率な判断だったと考えられます。

不正手口は、両者とも、酷似しており、論文数では、シェーンが圧倒的に多いのですが、内容的には、両者とも、歴史的不祥事です。

ふたつの歴史的不祥事から、投稿論文数の一割しか掲載されない超一流査読付商業論文誌『Nature』と『Science』の信頼性にも従来に増して大きな疑問が投げかけられることになりました。

シェーン事件と小保方事件の違い

世界の過去の論文捏造事件を吟味してみると、一位は、ＩＢＭ研のシェーンによる有機物質高温超電導体の確認と分子レベルトランジスターの作製で、二位が、小保方さんによるＳＴＡＰ細胞作成です。

シェーンの掲載された原著論文は、『Science』八編、『Nature』八編、『Phy. Rev.』六編とも、すべて、捏造論文計二四編として、撤回されました。

それに比べたら、小保方さんのやったことは、スケールが小さく、『Nature』二編と早稲田大学学位論文くらいで、シェーンが横綱級ならば、小保方さんは幕内何枚目くらいの差でしょう。

両者の例から言えることは、査読者の知識など、たかが知れており、一流研究機関に所属している研究者からの投稿であれば、形が整っていれば、そのままパスさせるくらい、いい加減なものだったのです。科学界のそれまで表面化していなかったインチキ体制が発覚しただけです。

小保方さんのしたことで感心するのは、人生において参考にしたいのは、あれだけ幼稚な手口で世の中をだまし、堂々と研究発表や記者会見を笑顔でできる図々しさです。私の人生で、唯一、欠けていたものは、図々しさでした。

小保方さんは歴史的知能犯

二〇一五年二月七日、茨城県立図書館で、『日経サイエンス』二〇一五年三月号「特集STAP細胞」を熟読しました。

小保方STAP事件は、表面的には、米ベル研で発生したシェーン事件と似ていますが、詳細を知れば、小保方事件の方が桁違いに、計算された知能犯であることが分かります。未熟どころか、すべてを知り、巧妙に組み上げた知能犯です。

小保方さんは、米ハーヴァード大学のバカルティ教授のアイディアに沿って、サクセスパスを構想し、理研の過去の関連する成果（ES細胞、特に、他にない特別機能を組み込まれた大田マウスES1）をパッチワーク的にはめ込み、STAP細胞をでっちあげました。

しかし、そのES細胞は、特殊な機能を有するものであって、特定の研究者が過去に生成したものです。明確な証拠的履歴が記されていました。調査委員会は、理研の遠藤高帆上席研究員が実施した遺伝子解析結果を基に、その履歴を解読し、小保方さんの不正を見破りました。

遠藤上席研究員は、理研からさまざまな発表制限が加えられましたが、それらをはねのけ、発表したことは、賞賛に値します。

小保方さんは、何重にもわたり、高度で、巧妙なトリックをくみ上げ、若山さんと笹井さんをだましました。したたかな計算しつくされた高度で、これ以上のだましの技法がないくらい高度で複雑な手口でした。『日経サイエンス』二〇一五年三月号からそのようなことが読み取れました。

小保方さんは、とんでもない、歴史的知能犯で、背筋が寒くなりました。

『朝日新聞』の質について

朝日新聞社の考え方や方針は悪くないと思います。しかし、いくら、新聞は、速報性を優先するといっても、早くても、不正確では、意味がありません。備えるべき条件は、早くて、正確で、きらりと光った深い考察が読み取れることです。

誤報に気づいたら、できるだけ早く検証し、謙虚に、社会に、謝罪することです。

世の中に、暇な人は、ひとりもいません。原著論文をまとめている研究者は、時間のない中で、仕事のやり方を工夫し、真実を抽出する手順を忠実に守っているだけです。学会誌原著論文と新聞記事の差は情報の信頼性の高さにあります。

朝日新聞社は、私のような第三者から見て、大きなピラミッド構造をうまく統制して、調整する、「ガバナンス能力」に改善すべき余地があるように感じております。

連載中の「プロメテウスの罠」にも、事実関係や解釈において、とても、受け入れられない記載があります。気づいても、それは、わたくしが口出しすることではありません。工学的正しさを意識的に犠牲にし、政治的主張を優先するあまりのひとつの「技法」だと認識しています。

福島第一原発事故でも、当事者の東京電力を叩いていますが、東京電力は、国のエネルギー政策を忠実に分担している国策企業であって、政府方針を決めてきたのは、自民党とそれに積極的に協力してきた東京大学研究者ですから、叩く必要があれば、政府、東京大学、東京電力という順序で、問題点の改善を図らなければなりません。東京電力を叩くというのは、一時的な、国民の憂さ晴らしの代行であって、有効策ではありません。

福島第一原発事故は国民も東京電力と同罪を背負っているという現実を忘れてはなりません。政府も東京大学も東京電力も、社会の価値観、国民の価値観を反映していたにすぎませんから、まず、国民が変わらなければ、未来は拓けません。安倍政権の右傾化も国民の価値観の反映ではないでしょうか？

「吉田調書」の記事を書いた記者

私は、朝日新聞社の木村英昭さん（本社経済部兼特報部）が書いた「東電偽証」記事に疑問を感じ、自身で事実関係を調査し、木村さんと電話で話しました。木村さんの思考法はおかしいと感じました。私の分析結果は拙著『日本「原子力ムラ」惨状記――福島第１原発の真実』（論創社、二〇一四）に収録してあります。

さらに、暴走し、「吉田調書」の記事を書いたのも木村さんでした。木村さんは、特定の思考バイアスを持った記者で、結果的に、朝日新聞社の社会的信用を一気に崩し、社長引責辞任の発端を作った人物でした。

私は、「プロメテウスの罠」の事実関係がおかしいと感じていましたが、木村さんは、「プロメテウスの罠」担当記者のひとりでした。私がおかしいと感じた記事は木村さんが書いたものでした。『日本「原子力ムラ」惨状記——福島第1原発の真実』には「東電偽証」と「プロメテウスの罠」を徹底分析して、インチキ性を暴き出しています。私の着眼点は正しかったのです。いまの朝日新聞社の社会的信用と社会状況がそのことを証明してくれています。

朝日新聞社の社内処分

朝日新聞社は、「吉田調書」誤報問題で、局長三名の解任処分を発表しました。第三者には、その他の処分がどうなっているのか、分かりません。

「吉田調書」誤報記事を書いた木村さんは、それ以前に、「東電テレビ会議」の文章化と解説の単行本業績で、「第13回早稲田ジャーナリズム大賞奨励賞」を受賞しています。

「吉田調書」誤報記事の解説を書いた宮崎知己（本社特報部デスク）も、連載「プロメテウスの罠」の業績で、新聞協会賞を受賞しています。

木村さんと宮崎さんは、「プロメテウスの罠」で、きわめて、党派性の強い立場から、意図的に、真偽をまじえ、虚構の世界を演出しました。

私は、「プロメテウスの罠」の内容がおかしいと感じ、朝日新聞社の知り合いにその旨をメールしました。そのメール内容が拙著『日本「原子力ムラ」惨状記——福島第1原発の真実』（論創社、二〇一四）に収録されています。

木村さんと宮崎さんは、「プロメテウスの罠」で、自己主張を止めておけばよかったのですが、さらに、自己主張を拡大するため、「吉田調書」を利用しました。他の新聞社が、「吉田調書」を入手して、分析したため、トリックが読み解かれてしまいました。木村さんと宮崎さんの猿知恵でした。社会の読み方が単純だったのです。

木村さんと宮崎さんは、社長引責辞任の原因を作った人物ですから、いくら軽くても、解雇処分です。朝日新聞社も木村さんも宮崎さんも、あまり、社会を舐めない方がよいでしょう。ふたりとも、虚構の業績による受賞を、遡って、返納すべきです。

私は、「朝日新聞」の原子力記事のインチキ性は、最初から、すべて、読み解いていました。その過程は、事件が発覚する前から、『日本「原子力ムラ」惨状記——福島第1原発の真実』で、示しておきました。

朝日新聞社幹部へのメール

『朝日新聞』を読んで、時々、疑問に感じることがありますが、たとえば、連載「原発と裁判官」の朝日新聞出版社からの単行本『原発と裁判官――なぜ司法は「メルトダウン」を許したのか』（磯村健太郎・山口栄二、朝日新聞出版、二〇一三、一三〇頁）に、「もんじゅ」について、「地下二階の中央制御室」とあります。

私が、二〇年前の建設時に見学した時には、確かに二階でした。そこで、著者のひとりの磯村健太郎記者にメールで問い合わせたところ、「事故当時の記事に、『火災で煙が出ていて、地下の二階の制御室に逃げた』という記載があることから、今回は、間違いないと思います」との返信があり、不思議に思ったものです。

世界の原子炉で、制御室が地下に設置されているのは、ロシアと北朝鮮とイスラエルの軍事施設です。日本の原子炉ではありえないことです。私は、納得できなかったため、謎解きを行いました。「もんじゅ」敷地は、山を削って整地したため、海側敷地（海抜二一m）と山側敷地（海抜四三m）の間に大きな段差があり、原子炉建屋は山側敷地に、制御室のある補助建屋は海側敷地にあり、それぞれの建屋で階数を定義しているのではなく、高い山側の原子炉建屋を基準に、一階を定義し、相対的に、海側の四階建補助建屋の二階が「地下二階」に定義されていました。

私は確かに補助建屋の二階に行きました。

以上のような調査結果は、再度、磯村記者にメールし、拙著『日本「原子力ムラ」惨状記――福島第1原発の真実』（論創社、二〇一四）にも収録（一四三～一四四頁）いたしました。

新聞記者は、原子炉制御室が地下にあることのありえない条件に疑問を持たず、意味も考えずに記事にしていて、それを見た読者が地下二階と信じ、ウェブなどに書き込み、間違った情報が世の中に拡散されています。

新聞記者は、文献の読み方を知らず、常識を考えず、現場調査せず、それで、真実を手にしたと錯覚しています。真実は、そのように、安易な方法ではえられません。たとえ、時間がかかっても、必ず、現場で、確認する習慣を身に着けていなければなりません。

植村隆（元朝日新聞社記者）の身勝手さ

植村隆さんが『週刊文春』編集部らを告訴しました。植村隆さんと言っても、思い浮かばないかもしれませんが、『朝日新聞』に、韓国慰安婦証言にかかわる記事を連載した記者です（詳しくは月刊誌『文藝春秋』二〇一五年二月号参照）。

植村さんはその号で、「当時は真実だと思っていた。だから捏造ではない」と反論していました。

自然科学と社会科学では、問題設定と研究表現が異なり、前者には誰もが認めなければならない理論や法則がありますが、後者には、歴史的事実と社会的事実を基に、どのような視点から、どのような文献を選択して論理化し、その先に自身の主観的考察を積み上げるというものです。

自然科学では真実か否かは明白です。シェーンの有機超伝導体の発見や小保方さんのSTAP細胞の発見は、冷静に考えれば、成立しないことが分かり、査読ミスなのです。しかし、ベル研、ハーヴァード大学、理研、一流指導者、一流掲載誌の条件がそろうと、社会は、そのようなものだと、受け入れてしまいます。シェーンの論文捏造過程を考察し、それは子供だましの世界であると感じました。

植村さんの扱った韓国慰安婦証言は、先例がなく、先行研究のない問題で、結果的に、偽証だったわけですが、先例のないことを報じれば、大スクープになり、記者としての評価は、上がります。植村さんの罪（捏造記事）は、先行研究がなかったから、真実か否かの判断が難しかったわけではなく、証言内容の整合性、逆に言えば、無矛盾性の考察が不十分だったのです。植村さんは、後に証言するように、部分的に、矛盾することがあったものの、弱者の立場に寄り添う立場から、報じました。事実関係に矛盾があっても、弱者の立場で報じるという方針は、弱者救済の正義と受け止められますが、両刃の剣になります。人間は、間違うこともありますから、誤りに気づいたならば、それが社会的に大きな問題であれば、できるだけ早く、社会に対し、記事の取り消しと謝罪をすべきです。

植村さんの罪は、間違っていたことに気づいても、長期間、放置し、責任回避したことです。社会が被った被害に比べたならば、植村さんと家族が被った被害など、無視できる程度です。植村さんが第三者を告訴するなど身勝手にもほどがあります。

朝日新聞社でなく日本経済新聞社を選択した堅実さ

「日経社員（記者）がＡＶ女優」との週刊誌見出しに、驚きましたが、よく読んでみると、「最近まで勤務していた日経社員は、元ＡＶ女優の経歴がある」というもので、だからどうなのかというふうに感じました。

その女性は、慶応義塾大学卒業後、東京大学大学院修士修了後、街でスカウトされ、興味本位から、ＡＶ女優になり、一〇〇本近くの作品があり、単に出演していただけでなく、経験を積むにつれ、企画や監督まで務めたというから立派なものです。

さらに、立派だと思えるのは、「ＡＶ女優は、一生する仕事ではなく、もっと確実な職業に就きたい」との人生目標から、日本経済新聞社社員採用試験に応募し、採用され、ずっと、記者を務めていました。

在職中、ペンネームで、青土社から『ＡＶ女優の社会学――なぜ彼女たちは饒舌に自らを語るのか』（二〇一三）という新聞書評欄で採り上げられた著書を発表し、社会から注目されていました。

彼女が立派なのは、人生の誇れる一生の就職先として、日本経済新聞社を選択したことで、決して、朝日新聞社を選択しなかったことです。彼女の目は確実でした。

『週刊朝日』は即刻廃刊にせよ

朝日新聞出版の週刊誌『週刊朝日』は、総合週刊誌の中では、『サンデー毎日』(毎日新聞社)とともに、比較的、硬派な内容であり、社会への問題提起型の記事が目立ちます。しかし、最近、不祥事が続いています。

「ハシシタ　奴の本性」で、編集長(朝日新聞社から出向)が更迭され、つぎの編集長(朝日新聞から出向)も、組織人として、倫理面に欠陥があり、更迭されました。報じられた内容が正しければ、組織人としては、公私混同がはなはだしく、問題外であり、そのような欠陥人間が、長く、朝日新聞社に勤務し、責任ある職位に就いていたことが、不思議なくらいです。周囲のひとたちも無責任です。不祥事後も、厚顔無恥にも、相変わらず、問題提起型のきれいごとの記事を満載していますが、不祥事続きの『週刊朝日』は、即刻、廃刊にすべきです。

私は福島第一原発事故直後から連載「フクイチ最高幹部シリーズ」の内容に疑問を感じていました。その記事は、契約記者が書いたもので、確かに、取材はしています。しかし、記事では、最高幹部に、特別な意図と意味を込め、意識的に、「　」をつけ、「最高幹部」としています。取材した相手は、本物の最高幹部ではなく、問題提起の視点や技術能力からすれば、東京電力の幹部でもエンジニアでもなく、東京電力社員と行動を共にする協力会社の中堅でしょう。

東京電力の幹部やエンジニアであれば、当然知っているはずの事実関係が、間違って記されていました。その部分だけで、「最高幹部」が、虚像であることが分かりました。契約記者や編集部員は、原発の専門知識がないため、何が真実で、何が間違っているかの判断ができず、間違っている証言をそのまま記事にしてしまい、墓穴を掘りました。そのシリーズは、単行本になっていますから、一気に読めば、矛盾点が浮上し、「最高幹部」の実像が、読み取れます。あまり世の中をなめない方がよいでしょう。『週刊朝日』というインチキ週刊誌が真実を報じていると考えているひとなど、この日本には、ひとりもいません。

国家管理されている福島第一原発の最高幹部に、現場で面会したのに、その移動履歴が不明で、最高幹部が誰なのか分からないというのは、あまりにも、まぬけな話で、説得力が、ありません。私は、国内外の原発の定期点検の現場、特に、日本のすべての原発の格納容器内を見学していますが、手続きに認証が厳密で、認証事項をごまかし、馴れ合いで入ることは、絶対に、できません。認証は、特定の意図を持ったひとによる馴れ合いを防止するため、必ず、複数の人間がかかわり、しかも、チェックポイントは、一箇所ではなく、数箇所におよびます。ですから、その契約記者が、正式ルートで入り、秘密裏に、最高幹部に面会することは、不可能です。必ず、同行者氏名、会議室申込者氏名など、意識的に調査すれば、最高幹部が簡単に特定できるはずですが、そのような履歴が残されておらず、特定できていません。

新聞各紙の実際の発行部数

マスコミ各社は、見栄を張るため、週刊誌・月刊誌のみならず、全国紙もみな、さばを読んだ数字を発表しています。実際は〇・七掛けの部数です。

『読売新聞』公称九〇〇万部（実質六〇〇万部）、『朝日新聞』公称七〇〇万部（実質五〇〇万部）、『日本経済新聞』公称四〇〇万部（実質三〇〇万部）、『毎日新聞』公称三〇〇万部（実質二〇〇万部）、『産経新聞』公称三〇〇万部（実質二〇〇万部）です。公称部数印刷して見栄を張っていますが、裏では、〇・三相当の部数を燃えるゴミとして処分しています。

『朝日新聞』は、「吉田証言」と「吉田調書」の虚偽報道で、数十万部も部数を減らしました。自業自得です。内容は、『朝日新聞』が週刊誌的、「日本経済新聞」が学術的です。『朝日新聞』の記事には党派性が強く表に出ています。『朝日新聞』は、真実を二の次にし、自己主張に走っています。「吉田調書」誤報事件はその典型的な例です。

岩波書店から出版されている比較的硬い月刊誌の『世界』と『科学』は、実質数千部で、経済性成立条件を下回っていますが、同社の看板的位置づけで、しかも、世の中に、それに代わる内容のものがないため、同社の顔として、刊行されています。

両誌は、決して、良質な月刊誌ではありませんが、前者は、運動論的エッセーが多く、後者も、三・一一以前は、比較的、科学的に信頼性が高かったものの、三・一一後は、『世界』並みの運動論的エッセーが多く掲載され、科学誌としての信頼性がなくなりました。両誌とも消えるのは時間の問題です。

信頼性の低い朝日新聞社は永久解散せよ

世界的に言えば、米国の一九五〇年代からの高度経済成長、日本では、一九六〇年代半ばあたりからになりますが、世界が資本主義経済と社会主義経済という二極化し、冷戦構造になりました。当時、マスコミ、社会党や共産党、既成左翼や新左翼は、社会主義経済に共感し、社会主義国から発信された情報をそのまま鵜呑みにしました。共産党や社会党は、騙され、日本で生活する数多くの朝鮮人とその配偶者を金日成体制に送り返し、長い間の苦役に加担しました。犯罪的行為です。『世界』は金日成体制を礼賛する特集記事を多く掲載しました。犯罪的行為です。いまでも同じ体質です。一九九〇年代初めのソ連邦崩壊にともない、社会主義経済社会の実態が明らかになり、それまでの情報が、ウソにウソを積み重ねた虚構の世界であることが分かりました。

私は、一九九〇年代半ば頃、ロシアに三回行き、冷戦当時に西側諸国からの視察団に見学させた「見学用モデル集団農場」などを見せてもらいました。実際には、そのような農場は、どこにも実在せず、ただ、西側視察団を騙すためのニセモノでした。当時の元ＫＧＢスパイは、日本で翻訳が出版されているように、「日本で、ウソ情報により、軍事評論家や文化人をコロコロ騙し、おかしくて、笑いが止まらなかった」と告白しています。

情報を鵜呑みにしていたのは、「吉田証言」でつまずいた朝日新聞社だけではなく、誰もがそのようなことをしていて、本当は、誰一人、朝日新聞社を批判できる立場ではありません。日本国民は、全員、歴史的間違いをしてしまったのです。

問題にすべきは、朝日新聞社の「吉田証言」の取り扱いだけでなく、戦中と戦後のマスコミ、特に、大手全国紙の犯罪的戦争煽り報道です。

各新聞社は、特に、朝日新聞社は、犯罪的戦争煽り報道を反省し、反戦平和のリベラルな立場で、問題提起し続けました。根底に流れるものは弱者に寄り添う立場からの報道でした。記者は、もちろん、ピラミット構造の責任関係の中で、弱者に寄り添う立場からの報道というきれいごとの延長として、いたるところで、ウソ情報を追加し、メリハリをつけました。

「プロメテウスの罠」はノンフィクションを語ったフィクションです。朝日新聞社特別報道部の木村記者（早稲田大学卒）と宮崎デスク（神戸大学卒）は、意図的に、冷戦構造時代の感覚で、弱者（原発事故避難民）に寄り添い、強者（東京電力）を叩く構図で、徹底的に、ウソ情報を流しました。木村さんと宮崎さんは、東京電力を叩いても、何の解決にもならず、うっぷん晴らしにしかなりません。叩くべきは、巨悪の根源の自民党です。

木村さんと宮崎さんは、報道手法と記事内容からすれば、明らかに、新左翼です。

「吉田証言」と「吉田調書」の問題は、まったく同じ構造で、でっち上げられた確信犯的犯罪行為です。いまの時代、冷戦時代のようなウソの情報戦は、通用しません。木村さんと宮崎さんだけでなく、朝日新聞社が、そのことに気づいていませんでした。

朝日新聞社の罪は、「吉田証言」問題が片付かないうちに、それと同じ意図で、「吉田調書」と「プロメテウスの罠」問題をでっち上げたことです。木村さんと宮崎さんは、時代が読めず、暴走し、墓穴を掘りました。ふたりは、責任を取り、できるだけ早く、辞職するしかありません。

最近、人権派弁護士がふたりの救済を目的に、朝日新聞社に働きかけていますが、その中には、韓国で発信された慰安婦ウソ情報を日本に拡散させた福島瑞穂の配偶者である海渡雄一弁護士も含まれています。そんなわけのわからないことが社会に通用するはずはありません。

朝日新聞社は、でっち上げを続けたため、責任を取り、永久解散すべきです。社内処分程度では済まない問題です。

漫画の記載内容に真実はあるか？

人気漫画『美味しんぼ』の記載内容の事実関係がおかしいとして、議論になりました。

漫画や小説の記載内容が、すべて、真実だと思っているひとは、世の中にもひとりもいません。それらはエンターテインメントの世界です。たとえ、福島第一原発や被曝問題を記載しても、真実を描かなければならないということはありません。漫画や小説はフィクションの世界です。

『美味しんぼ』の論点は、登場人物のひとりが、「福島第一原発の見学後、被曝に起因する鼻血が出た」というものです。

私は、二〇一三年三月、福島第一原発の見学をしました。それ以前に、仕事で、原研の加速器や原子炉を利用した炉物理実験、日本のすべての原発の原子炉格納容器内に入っています。

どの原発も同じですが、電力会社の担当者は、見学者（非放射線従事者）が多く被曝するコースの見学を組み込みません。私が、強く希望しても、許可しません。

どの原発でも同じですが、見学者は、指定された服装に着替え、線量計を携帯し、放射線線量率の小さい現場を歩きます。施設から出る時に、服や手足に放射能が付着していないかどうか、ハンドフットモニターでサーベイします。汚染があれば、アラームが出て、分かります。

胸に着けたガンマ線線量計から被曝線量が読み取られ、プリントアウトして、見学者に渡します。私の過去の原発でのすべての経験から言えることは、一日数時間の見学での被曝線量は、一mSvの一〇〇〇分の一＝〇・〇〇一mSv以下で、限りなく、ゼロに近いくらいです。現場に、被曝が問題視されるほど強いベータ線だけ放出する核種は、ありません。

広島と長崎の原爆疫学調査から分かっていることは、四〇〇mSv以下の被曝線量では、自覚症状などが現れないというものです。四〇〇mSv以上で初めて表れます。

ですから、四〇〇／〇・〇〇一＝四万倍以上も異なる現象をイコールとしてつなぎ合わせているのです。世の中の感覚のズレ（あえて言えば無知）というのはこれほど大きいのです。

あえて記すこともありませんが、原研や原発の業務において、被曝に起因して鼻血が出たという報告は、過去半世紀、聞いたことがありません。

日本は、漫画の記載内容が議論になっているのですから、実に、単純で、幸せな国です。広島市北部地区では、災害で、九〇名近く、ガザ地区では、戦争で、二〇〇〇名以上も死亡しています。国民もマスコミも論ずべきテーマを間違えているのではないでしょうか?

古市憲寿さんという院生の著書

毎月、各社から、数冊の週刊誌・月刊誌の献本を受けています。軟らかいものから硬いものまで、世の中の動きを読み取るには、好き嫌いなく、広範囲の問題に関心を持たなければなりません。

古市憲寿さんという院生(慶應義塾大学卒、東京大学大学院総合文化研究科国際論専攻博士課程在学中、三〇歳)がおり、その著書や発言内容が関心を集めているようです。

彼の週刊誌・月刊誌に掲載されたエッセーをいくつか読み、なおかつ、著書を三冊読んでみました(『だから日本はズレている』(新潮社、二〇一四)、『絶望の国の幸福な若者たち』(講談社、二〇一一)、『誰も戦争を教えてくれなかった』(講談社、二〇一三))。

人気の根源は、内容の良し悪しや学術的価値ではなく、これまでになかった、よく言えば、表現法(「気持ち悪い」とかの違和感をストレートに出している悪口・毒舌の部類)や雰囲気なのでしょう。

彼は、何となく、オカマのような、なよなよとした顔つきで、とらえどころがなく、ゆるい癒し系のような雰囲気を醸し出しています。

三冊読んで、そのような視点があるのかと冷ややかに受け止めましたが、価値観の差なのか、年齢の差なのか、そんなことを考えてしまいました。

私の受け止め方だけでなく、世の中ではどのように評価されているのか、客観的評価ではありませんが、評価の多様性を把握するために、アマゾンの書評のようなものをサーベイしてみました。書評数は、五〇～一〇〇件と、多い方です。

それら三冊に共通していることは、たとえば、『だから日本はズレている』（新書）のように、一〇万部のベストセラーにもかかわらず、評価が良くなく、星五つからひとつまで、均等にばらついていて、受け止め方がさまざまであるということです。トーンとしては否定的な評価（「ズレているのは日本でなく古市だろう」的な）が目立ちます。売れていて人気があるにもかかわらず、これほど評価の分かれる本も珍しいのではないでしょうか？　売れている研究者に対するやっかみからの悪口も多くあるように感じ、そのような関心のありかの表現法があるのかとも感じています。

読者心理は、さまざまであり、書評は主観的評価で、特に、アマゾンは、「2ちゃんねる」並みの書き込みで、信用できません。

名刺の効用

原研勤務期間中は、常に、身分証明書と名刺を所持していました。名刺は学会委員会で交換した程度です。自分から出したいとは思わず、出されれば、礼儀として出す程度でした。

評論家としての名刺は、別に所持していて、主に、マスコミ関係者と交換しました。

還暦を過ぎてから、つまらない権威にすがる生き方をしないために、身分証明書はなく、名刺も持たないようにしました。いま考えると、東京大学の学生証があり、いたるところで学割が効いたのですが、当時、学生であるとの認識がまったくなく、学生証は所持せず、名刺もなしという日々でした。

自身の主義主張でそうするのは良いのですが、世の中は相手がいることで、世の中の常識とルールで流れているので、時には、相手に、違和感を与えていたのではないかと思います。名刺をもらっても、「いま切らしているので、失礼します」としか言えません。

静岡県防災・原子力学術会議原子力分科会会合やその他の分科会の合同会合の時にも、名刺をいただくことがあり、「いま切らしているので、失礼します」とくり返していました。

国内にいるだけならば、それでも良いのかもしれませんが、度々、海外に出かけるため、何もなければよいのですが、トラブルに巻き込まれ、何らかの原因で拘束されそうになった時などは、身分証明書か名刺がないと絶体絶命になります。

二〇一四年五月、カトマンドゥのトリブヴァン空港で、危うく拘束されそうになり、ひやりとしました。原因は、パスポート写真と実物があまりにもかけ離れていたことで、同一人物か否か、疑われてしまったのです。その時は、メラピーク登山直後であったため、雪による反射紫外線焼けで、顔が猿のように真っ赤になり、確かに、別人のようでした。

出国手続き場所から、別室に連れていかれるのではないかと恐れましたが、「サインしてみろ」と言われ、とっさに、パスポートの日本語サインと比較するためと解釈し、特徴ある字体で、「櫻井淳」と記しました。とっさに、「桜井淳」としたら、彼らをより混乱させると判断し、意識的に、パスポートと同じ「櫻」にしました。

海外に行く場合、やはり、名刺は所持した方が無難です。表には、日本語で、氏名、現職業、元職業、住所、電話、メルアド、裏には、それらを英語で記します。

いまの私のパスポート写真では、イスラエルには、入国できないでしょう。ベン・グリオン国際空港は、テロ対策として、世界一、入国審査が、厳しいとして有名です。英語で、四〇項目くらい質問され、「イスラエルに友人はいるか、何人か、どこに住んでいるか、どこのホテルに泊まるか」と、あらゆる質問に、すぐに答えられるように、旅行スケジュール表、宿泊ホテル、帰りであれば、レシート類などを所持しておかなければならないようです。

還暦を過ぎると、老化が著しく、顔の表情だけでなく、骨格まで変わってしまいますから、それらを考慮して、パスポート有効期間は、還暦過ぎの人に対してだけ、三年間にした方が良いかもしれません。

「資本論」と現代社会

世界で、『聖書』と『資本論』（カール・マルクス）は、永遠のベストセラーです。両者には、共通点があり、人間の尊厳を描いています。

私は、ユダヤ教研究のため、『聖書』を日常的に読み、社会科学研究のため、『資本論』も読み返しています。

技術論研究では『資本論』の「第13章　機械装置と大工業」が重要です。部分的に、英国の一九世紀産業社会の人間の悲惨な労働の実態が示されています。何度も、熟読吟味してみると、「技術とは自然法則性の適用」とあり、武谷三男技術論の「自然法則性の意識的適用説」は、資本論からヒント（ほとんどパクリ）を得ていたと感じました。

日本の技術論のひとつの系譜は、武谷星野技術論→星野技術論（星野芳郎氏は一代目の技術評論家で、私の先生）→二代目技術評論家の桜井淳となります。

『資本論』は、資本主義社会の社会制度とメカニズムという社会学に経済的問題をからめ、体系化した学術書です。

日本の現代資本主義の実態は、雇用において、派遣社員が四〇％も占めていて、不安定、低賃金です。一部の外食産業では、低賃金だけでなく、慢性化する長時間残業や連続勤務など、悪条件がさらに追加され、その実態を見ると、『資本論』の第13章に描かれた英国の一九世紀の底辺労働者の実態と変わらないことが分かります。『資本論』の記載内容は、時代を超えて、光り続けており、永遠の学術書です。

いつも米国で感じること

すべてではないにしろ、日本の一流会社の職場では、背広にネクタイが普通です。女性もきちんとした服装をしています。しかし、米国では、そうではありません。男性でも、女性でも、カジュアルで、ジーンズをうまく着こなしています。仕事ができ、他との違い、自己主張できればよいのです。大学でも、企業でも、秘書が、ジーンズということは、よくあることで、それが仕事着のようになっています。

日本では、車は、装飾品と思えるほど、きれいに磨くなど、管理が行き届いています。ＢＭＷやベンツを乗るのが、成功者の条件のよう錯覚し、生活は貧困でも、見栄を張って、車だけは、最高のものを乗り回す錯覚人間が多くいます。

米国では、車は、実用品で、傷がついていても、へこんでいても、そのまま、乗っています。中には、ポンコツではないかと思えるほど、傷んでいるものもあります。バンパーは、他車を押しのけ、駐車スペースを確保するもので、ぼこぼこに傷んでいます。日本では、ちょっとでも傷がつくと、交換します。

初めて米国へ出張した時、送迎してくれた研究者は、農耕用ではないかと思える小型のおんぼろトラックに乗っていました。その方がかえって話しやすく、すぐに、うち解けました。形式の日本、実の米国でした。

第Ⅱ章　社会安全論

三・一一後の技術の考え方

三・一一とその後の諸問題（政治・経済・技術など）については、簡単には論じられず、一冊の著書を書かなければならないほど、多くの問題を含んでいると認識しています。

三・一一に発生した地震と津波は人間が認識できないほど複雑な自然の営みです。自然災害です。三・一一後、日本地震学会は、敗北宣言を出しました。

地球の地殻は、一〇の薄いプレートで包まれており、そのうちの四つが日本列島とその近海にあります。ですから、日本は、世界で最も地震や津波の脅威にさらされていて、高層ビルや原発などは、安全性と経済性を考慮すれば、建設が難しい問題になるのでしょう。

人間は、すべてを認識できないため、既存の知識と技術で物を作りますが、後で、事故をとおして、認識していなかったことが表面化したことは、数多くあります。例えば、高層ビルであれば、長周期振動です。都内の高層ビルでは、大規模な補強工事が進められています。

地震や津波の予測がコンサーバティブに評価できなければ、高層ビルや原発など、建設できません。三・一一で突きつけられた問題は技術のあり方です。もっと大きく言えば文明のあり方です。

高層ビルの耐震設計における想定地震動は、六〇〇～七〇〇gal（galはガリレイの略、加速度の単位をそのように定義）で、スカイツリーも同程度です。原発の耐震設計は、平均的には、六〇〇～七〇〇galで、大きいところでは、浜岡一二〇〇gal、柏崎刈羽一～五号機二一〇〇galです。

いくかの分かっている問題に対して、個々の問題をコンサーバティブに評価すれば、それらを総合した結果は、コンサーバティブになることは、当たり前のことです。しかし、地震や津波のように、発生の場所と規模が予測できない問題に対して、いくつかの問題で、コンサーバティブに評価して、最後に、総合的な結果を導く場合、結果がコンサーバティブになるとは限りません。

浜岡が直面している東南海トラフ地震（M(マグニチュード)9.0）の影響評価の難しさはここにあります。浜岡だけでなく、もっとも大きな影響が予想される静岡県は、日本の産業地帯であり、日本の動脈的な新幹線や高速道路などが影響を受けます。

静岡県防災・原子力学術会議原子力分科会構成員に指名され、二回の会合に出席し、二〇一四年度の三回目が九月一一日に開催されました。

他の人が言うのと違って、もし、私が、浜岡に対して、分かっていない問題に対する基本的な考え方として、「予防原則」の適用を主張したならば、一気に、そちらの方向に動くでしょう。

三〇年以内に震度六弱以上の地震が発生する確率

政府の地震調査研究推進本部（地震研究本部）は、二〇一二年一二月二一日に、今後三〇年以内に震度六弱以上の地震が発生する確率分布を公開しました。東海地方の発生確率が高いのは、いまに始まったことではなく、特記すべきことは、関東地方の確率が倍近くに上昇したことです。水戸では六二・三％に、東海第二原発では六七・五％に達します。なお、浜岡原発では、九七％です。いずれもいつ発生してもおかしくない高さです。

私は、震度六の世界がどのくらいの揺れであり、どのくらいの被害をもたらすのか、三・一一で体験しました。水戸地方気象台に問い合わせたところ、自宅のある地区の地震加速度の観測値は、合成値で八五一・二galでした。天地がひっくり返るほどの恐怖感であり、人生で最大の恐怖でした。

自宅近くの築四〇年くらいの老朽化した住宅も外見上は損傷がまったくありませんでした。新潟県中越地震の震度七の現場の川口町（近くに上越新幹線の高架橋）でも同様の光景を見ました。水戸市にある大きな墓地を調査したところ、墓石が倒壊したのは、全体の三割弱で、それらの共通点は、重心が高くて、基礎と墓石が一体型（組み合わせ方式）でなく、ただ、上においてある構造でした。

三陸沖北部から房総沖にかけての日本海溝の内側あたりで、場所は特定できませんが、M9.0の地震が発生する確率は、今後三〇年間に、三〇％と非常に高い値です。そのため、私は、生きている間に、もう一度、三・一一の時と同じくらいの恐怖感を味わうことになるだろうと、覚悟していま す。もうすべて分かりましたから、来るならいつでも来いという心境です。東海地震や首都直下型 地震の時には、水戸は、震度五にとどまり、たいしたことはありません。

これまで、兵庫県南部地震（阪神大震災、震度七）、新潟県中越地震（震度七）、新潟県中越沖地震（震度六）、東日本太平洋沖地震（東日本大震災、震度七）の現場を調査したことがあり、たとえ、震度七でも驚きません。経験を積むと大きな自信につながります。

三・一一の際、福島第一原発一号機の非常用復水器の配管が破断したと主張したエンジニアリングを知らない素人がおりましたが（その他にも、再循環ポンプが破壊したとか、原子炉格納容器のドライウェルとサプレッションプールのつなぎ目が破壊したとか、サプレッションプール内のクエンチャなどの構造物が破壊したとか、工学的根拠を示さず、採るに足りない主観的な内容）、原子炉格納容器の底で観測された地震加速度は、基準地震動（六〇〇gal）に近い値でした。私の経験からすれば、その程度の揺れなど、蚊に刺された程度の出来事です。エンジニアリングを知らないひとには、ぜひ、八〇〇galの世界を体験していただきたい心境です。

なお、原発周辺の地域の民家の地震加速度は、一〇〇〇galにも達していましたが、揺れは、構造物の形状や重量の影響を受けるため、原発のような重構造物では、内部の揺れは、緩和されます。そのため、六〇〇gal程度にとどまっています。原発と民家の揺れの差は、ちょうど、嵐の太平洋を航行する大きな客船（原発のたとえ）の中のひとが感じる揺れと、小さな漁船（民家のたとえ）の中のひとが感じる揺れくらいです。

マレーシア航空の危機管理能力——トリブヴァン空港の往復に利用していたが

ヒマラヤ登山のため、成田空港（B777）－クアラルンプール空港（B737）－トリブヴァン空港の往復に利用していたマレーシア航空に、不運な事故が続き、利用を再検討しなければならない状況になりました。マレーシア航空は、中規模企業であるため、政府支援がなければ、経営危機に陥り、破産するでしょう。

利用していないひとたちは、クアラルンプール経由に疑問を感じるかもしれません。成田空港－トリブヴァン空港の往復には、四つの航空会社を利用することができますが、すべての航空料金を調査してみると、みな、ほぼ同じで、選択基準は、飛行時間と利便性（安全性レベル、発着時間の正確さ、乗り継ぎ待ち時間、機内サービス）だけになります。

最終的には、タイ航空でスワンナプーム空港経由とマレーシア航空でクアラルンプール空港経由のどちらかになりますが、飛行時間に大差は、ありませんので、どちらでもかまいません。しかし、最近の状況を重く見れば、事故率や危機管理能力も考慮しなければなりません。

マレーシア航空機は、昨年、クアラルンプール空港－北京空港間のMH370便（B777）が、原因不明の行方不明になっており、最近（二〇一四年七月一七日）、アムステルダム空港－クアラルンプール空港間のMH17便（B777）が、ウクライナ東部のグラボボ上空一万mで、親ロシア派武装勢力によるミサイル（KUB）攻撃で撃墜されました。

どちらも、危機管理に注意を払えば、防止できた事故です。特に、後者について、他の航空会社は、安全確保のため、紛争地域上空の飛行を意識的に避けており、そのことからすれば、マレーシア航空の不注意です。乗客は品質管理と危機管理の能力の高い航空会社を選択します。決して料金だけではありません。

サイクロンによるヒマラヤ山岳事故

二〇一五年春のチョー・オユかエベレスト登山に備え、高所順応のため、二〇一四年一一月下旬から、ヒマラヤ北部の中国との国境に近く、マナスルなどが近くにあるランタン谷とその周辺の六〇〇〇mくらいの山に登るための準備をしていたところ、ヒマラヤ北部で、遭難事故があり、多くのトレッキング客や登山客が亡くなりました。大変ショッキングな出来事であり、他人ごととは思えません。

- 場所は、カトマンズの北西約八〇kmにあるポカラからさらに北に一〇〇kmくらいのところにある八〇〇〇m級のアンナプルナやダウラギリの山系で、ヒマラヤの三大トレッキングや登山のコースのひとつです。
- 原因は、サイクロン（日本の台風）で、雪が多く降り、暴風雪となり、トレッキング客や登山客は、身動きできなくなりました。

・被害状況は、レスキューヘリで一一八名救出され、その他、三二名死亡、さらに、日本人の男女が計二名、遺体で発見されました。一度の遭難事故死としては山岳史に残る事故です。

ちょうど、その遭難事故のあったころ、私がお世話になっているガイドは、エベレスト手前のアイランドピーク（六一六〇m）に、日本人三名の登頂のためのガイドをしていました。そのあたりは、普通の気象で、問題なく、帰還できました。

アイランドピークは、三浦雄一郎さんなどが、エベレスト登頂の前、高所順応訓練のために登る山です。私が、二〇一三年に、登ったチクングーリ（五五五〇m）の東二km、エベレストやローチェの手前（南）二kmのところにある雪の多いきれいな山です。

私は、まだ、ヒマラヤの本当の怖さを知りませんでしたが、今回の遭難事故で、その一端を認識することができました。二〇一四年一一月の予定はキャンセルしました。

スイス登山鉄道で感じたこと

スイスだけでなく、外国の施設を見て感じることは、構造物が簡単で、強度がなさそうに見えることです。具体的には送電線の鉄塔です。

なぜそうなのかというと、スイスでは、地震や台風がないためです。日本の構造物が頑丈にできているのは地震や台風の対策のためです。

電線だけでなく、登山鉄道もそうです。高速鉄道や在来線は、見て明らかにおかしいと感じることはありませんでしたが、登山鉄道のレールや施設の設計があまりにも簡単で、安全余裕度のない設計になっていて、怖さを感じます。スイスを訪れた技術系の人々は、皆、そのように感じているようです。

登山鉄道は、普通の軌道ではなく、二本のレールの中間にもうひとつの軌道構造物を設け、車両側の歯車とその軌道の歯をかみ合わせ、急勾配でも、レールと車輪が滑らないような工夫がなされています。いちばん急勾配の登山鉄道区間は、ピラトゥスでは、傾斜角が約四五度あって、垂直に登っているように感じます。

リニア中央新幹線の安全性への視点

今日の原子力産業の衰退を見ると、歴史的経験則から、特定分野の産業には、栄枯盛衰があり、三〇年周期で、次々と、新たな産業に取って代わられ、原子力もそのようになっていると痛感します。

- 原子力産業の成長期は、一九七〇～二〇〇〇年までの三〇年間で、すでに、一九八〇年代後半には、欧米の管理技術に劣り、設備利用率が低下していました。衰退の始まりでした。

・福島第一原発事故は二〇〇〇～二〇一〇年に決定的となった退潮期の出来事でした。士気が落ちていて、苛酷事故に対応できる能力もありませんでした。

欧米の一流企業は、社会の変化をよく読み、時代に乗れるような経営改革を実施しています。GE社の経営改革はその代表的な事例です。歴史的に、GE社を支えた家電分野を売却しました。さらに、産業や航空機の分野で、リアルタイムの稼働監視技術を使い、コンピュータで世界規模の集中管理をするという新たな技術を拡大しています。GE社ジェットエンジンを搭載した飛行中の航空機のエンジンのセンサー信号を米国に設置されているコンピュータセンターに記憶させ、異常の有無だけでなく、最適運転条件のアドバイスもしています。

日本の自動車産業は、国内再編や海外企業との合併、さらに、海外工場による生産による競争力維持など、常に、生き残り戦略を進めています。日本の優良輸出産業の位置を維持しています。

日本の重電機産業は、東芝や日立のように、経営改革として、分社化による経営効率の改善により、赤字経営から黒字経営に改善されています。しかし、日立は、なお、試行錯誤中です。三菱重工業は、仏企業との協力関係ばかりでなく、日立など、国内企業との協力関係を推し進め、比較的、安定しています。

しかし、パナソニックやソニーやシャープなどの弱電産業は、台湾や韓国や中国の技術やコストに押され、競争力を失い、赤字経営の停滞期から抜け出していません。試行錯誤中です。

鉄道技術では、日立が、英国から一兆円規模の車両受注を受け、現地工場を建設しました。欧米やインドや東南アジア各国では、高速鉄道網を計画中です。日本は、在来線鉄道技術だけでなく、仏独中との競争の中で、新幹線技術の輸出機会を見出しています。新幹線技術と同時に、未来型技術として、リニア新幹線技術の輸出にも力を入れています。

以上の産業分野の世界的動向は、新聞やテレビや献本された月刊誌などだけでなく、茨城県立図書館の関連図書も閲覧し、問題の把握に努めています。

東海道新幹線は、一九六四年に開催された東京オリンピックに合わせ、開業されたため、ちょうど、半世紀になります。

記念すべき時期であるため、新聞やテレビや週刊誌や月刊誌などは、過去の運転実績や安全技術を誇示する祝賀記事ばかり掲載しており、あまりにも楽観的な解釈に違和感を覚えました。

安全実績は、誰も、謙虚に認めねばなりませんが、その背景に、工学的に軽微な事故・故障だけでなく、深刻な故障や脱線に結びつく故障も生じており、そのような問題も同時に分析し、将来の安全確保の課題なども問題提起しておく必要があったように思えます。

マスコミ各社は、ＪＲ各社、特に、新幹線を保有して大きな収益を上げている企業から莫大な広告費を獲得しているため、そのような記念すべき祝賀時期には、手放しで、楽観的な記事で満たしています。

私が四半世紀前に新幹線事故の分析をした二冊の著書の問題提起事項は、そのまま、今も生きており、特に、強調した脱線事故については、独仏日で実際に発生しています。東北地方太平洋沖地震では、一件の脱線事故も発生しませんでしたが（東北新幹線や東北本線の軌道地域は震度六程度と強い）、偶然の幸運に過ぎません。

しかし、同じ、震度六の常磐線勝田駅近くのレールは、飴細工のように、くにゃくにゃに曲がりましたが（現場写真が新聞に掲載されました）、もし、その現場に電車が進入していたならば、確実に、脱線しました。

今後、高い確率で発生する東南海トラフ地震では、東海道新幹線や東海道本線など、確実に、小さく見積もっても、震度六の影響を直接被ります。東海道新幹線の軌道には、耐震補強や脱線防止対策が施されていますが、三・一一以降に定められた東南海トラフ地震のM9.0対応には、なっておらず、耐震対策は、不十分で、不安が残ります。

新幹線は、地震に弱く、実際に、東南海トラフ地震が発生してみないと、分からないことが山積しており、楽観的観測や期待は、禁物です。

JR東海は、リニア中央新幹線建設のため、二〇一四年四月二三日に、工事実施計画（国の技術基準への適合、環境への配慮、工事費、工事完了時期など）を含む「環境影響評価書」を国土交通大臣に提出しました。

国土交通大臣は、環境大臣に意見を求め、その意見書が二〇一四年六月五日に提出されました。異常なほど早く、わずか四〇日後のことでした。環境省の視点から、主に、環境影響についての概要評価に留まっています。

「環境影響評価書」だけでは、技術や工事の詳細は、何も読み取れず、ただ、一般論の範囲です。JR東海からは、今後、「施工認申請書」に匹敵するものが提出されるのでしょうが、その内容を吟味してみないと、詳細は、何も分かりません。

リニア中央新幹線の論点を整理してみると、大きく分けて、

- 政治的
- 社会的
- 経済的
- 工学的

となります。私が調査検討しているのは工学的安全性です。

「工学的安全」には、

- トンネル構造（品川-名古屋の八六％、品川-大阪の七一％）
- 掘削排出土の利用法
- 超電導浮上車両構造
- 軌道構造
- 制御システム
- 漏洩電磁場（磁束密度は、客席床上一mで地磁気〔〇・五ガウス〕の約二倍〔一ガウス〕、国際非電離放射線基準〔一〇ガウス〕の約一〇分の一）
- 消費電力
- 緊急時脱出方法

などです。私が特に関心を持っているのは、車両、軌道、制御、消費電力、緊急時脱出方法です。

消費電力は、まだ、実際の運航条件が公表されていないため、特に、一時間当たりの本数が分

かっていないため、確実な数字を算出することはできませんが、現在の東海道新幹線の運行条件と比較し、数倍となり、大型原子力発電所か大型火力発電所の二基分に相当します。

私が関心を持っているのは、趣味の登山との関係で、南アルプス地下のトンネル内での事故・故障時の緊急脱出法です。

南アルプスの地下にトンネルを掘削するため、まず、山の斜面まで、作業道路を建設し、五㎞間隔で作業用トンネルを掘り下げ、そこを利用して、掘削土を運び出しますが、工事完了後には、その作業トンネルが、乗客の緊急脱出口に転用されます。

そのような施設の建設のため、さらに、大量の掘削土を運び出すため、南アルプスの自然や生態系は、著しく破壊されるでしょう。

今の段階では、どのような構造なのか（階段なのか、エレベータなのか）分かりません。一編成二～三名の乗務員で、一〇〇〇名の乗客に対して、的確に、安全に、誘導できるのか、疑問です。

登山する立場からの関心事は、南アルプス地域の脱出口から外に出た場合、すぐに、救助できるのかということ、特に、冬季、雪の多い厳冬期に、一般のひとたちが、何の装備もなく、長時間持ちこたえることはできないため、どのような緊急避難施設を建設するのか、それをどのように維持するのかということです。

今の段階では、詳細な工事計画書が公表されていないため、一般論だけしか問題提起できませんが、今後、ＪＲ東海に取材し、問題点を掘り下げたいと思っています。

リニア中央新幹線プロジェクト

すでに、リニア中央新幹線の概要と論点を整理しました。

今回は、さらに、世の中でなされていない、今後、展開すべき、独自の視点での安全論について、記します。

リニアカーは、宮崎実験線での基礎研究開始から半世紀経ち、山梨実験線での実用化技術開発開始から三〇年になります。

政府は、国家プロジェクトとして進め、実施主体とて、ＪＲ東海を指名しました。

山梨実験線では、

- 給電システム
- コントロールシステム
- 安全管理
- 複線走行
- トンネル走行
- カーブ走行
- 勾配走行

・最高時速五八一km達成
・五〇万km走行試験（日本列島を一二五回往復に相当する距離）
などを実施し、実施内容からすれば、技術的には、実用技術としての基準をクリアしているように思えます。

今後の独自視点での論点としては、
・国交省鉄道局交通政策審議会鉄道部会中央新幹線小委員会の委員構成が素人集団（工学、政治、経済、文化などを専門とする総合的一般解釈程度）であること
・昔から今日まで、高速鉄道の安全審査組織が存在しないこと
・山梨実験線と商用線の相違（想定事故と安全対策、事故時乗客避難対策など）の検討がなされていないこと
などです。

リニア中央新幹線は、まだ、建設開始段階ですから、問題提起の仕方が難しいと思います。しかし、リニア中央新幹線の論点が、よく分かってきました。

東南海トラフ地震時の東海道新幹線への懸念

東南海トラフ地震の発生確率は、今後三〇年間に、九七%と推定されており、いつ起きても不思

議でない状況です。

私は、静岡県防災・原子力学術会議原子力分科会の調査をとおして、浜岡原発の安全対策については、頭の中でシミュレーションできますが、東海道新幹線や東名・新東名高速道路の被る影響については、浜岡原発よりも、不確実性が大きいため、被害規模を明確にシミュレーションすることができません。静岡県が実施している影響評価においても、交通機関に対しては、除外しています。

私の警告どおり、これまで、世界で、新幹線脱線事故が、商業運転時に、五件発生しています。

それらは、

- 一九九八年六月三日に、時速二〇〇kmで走行中の独ICE（884号）で、車輪破損に起因して発生した脱線転覆事故、死者一〇一名・負傷者八八名
- 二〇〇四年一〇月二三日に、時速二〇〇kmで走行中の上越新幹線「とき325号」で、新潟県中越地震（震源地川口町）によってもたらされた震度六の影響に起因する脱線事故（一〇両編成のうち八両脱線）、死者・負傷者ともゼロ名
- 時速二七〇kmで走行中の仏TGVで、軌道障害などに起因し、脱線事故三件

です。

日本と仏国の例は、大変、幸運な結果で、脱線したものの、転覆していません。私が警告した代表的な事故パターンは、独ICEのような車輪破損に起因する脱線転覆事故です。

二〇一一年三月一一日に発生した東北地方太平洋沖地震（M9.0）で強い影響を受けた宮城県と福島県の震度は六でした。地震発生時に、宮城県と福島県を走行中の東北新幹線（二本のレール内面

間幅は標準軌道幅一四三五㎜）と東北本線（狭軌道幅一〇六七㎜）の編成数は、各々、時刻表から推定し、上り下り計約一〇編成でした。しかし、脱線は、幸運にも、ゼロで、大変、良い結果でした。

しかし、震度六の影響を受けた茨城県の常磐線の佐和駅と勝田駅の間の一部の区間のレールは、二本とも、左右に大きく蛇行するように曲がり、もし、その区間を走行中の電車があったならば、確実に脱線していたでしょう。

一般的に、新幹線システムでは、地震が発生すると、地震計で、地震波（P波）を検出し、変電所の電力供給を遮断し、架線への電力供給の停止、さらに、自動緊急ブレーキが作動するようになっています。

しかし、確実に、高性能な緊急ブレーキが作動しても、時速三〇〇㎞の高速運転を実施しているため、制動距離が約四㎞にも達します。「とき325号」の場合、車両側の構造材がレールに強く接触したため、その摩擦力で、急減速し、制動距離は、驚くほど短く、現場を見た感じでは、一㎞弱（トンネル出口から停車位置まで）でした。

東南海トラフ地震（M9.0）が発生すると、強震源区域をどのように想定して評価するかにもよりますが、浜岡原発への厳しい評価例の場合には、静岡県御前崎市とその周辺地域が震度七となり、静岡県のその他の地域は、広範囲にわたり、震度六と推定されます。よって、東海道新幹線の場合には、大部分の区間が、「とき325号」並みの地震動の影響を受けると推定されます。

新幹線は、原発のような大型静止重量構造物でないため、走行条件（直線、きついカーブ、登り勾配、下り勾配、トンネル内、高架橋軌道、盛り土軌道など）に大きく依存するため、これまでの「とき

325号」と東北新幹線の幸運な事例だけでは、影響を正確に、推定することは、できません。

地震時の場合、たとえ、緊急時自動ブレーキが作動しても、代表的な「とき325号」のような「しこ型脱線」(垂直方向地震力の影響を強く受け、車輪が、左右交互に浮き上がり、やがて、元の位置に戻れず、片方がレール上にせり上がり、反対側に脱輪)に結びつく可能性か高くなります。たとえ、軌道側に、脱線防止対策を施しても、「しこ型脱線転覆」や「横転脱線転覆」を防止することは、できません。

「とき325号」が、脱線だけで、転覆しなかった要因は、直線軌道であったこと、車両の構造物がレールに強く接触し、車両が軌道から大幅にずれないような働きをしたためで、意図されものではなく、まったくの偶然の結果に過ぎません。

東海道新幹線の場合は、時刻表から推定し、静岡駅から名古屋駅の間に、上り下り計二〇編成弱が走行中になり、少なくとも、一〇~二〇%の編成が脱線転覆すると想定すれば、死者約一〇〇〇~二〇〇〇名・負傷者約二〇〇〇~四〇〇〇名にも達するでしょう。上下線の複合脱線を想定すれば、犠牲者は、その二倍に膨れ上がります。

産業新素材について

過去半世紀の工学全分野における技術進歩には、いくつかの特筆すべき点があり、それらは、

・電子素子の小型化・高密度化・高速化
・その結果としてコンピュータ高速化と普及
・さらにマイクロエレクトロニクス機器による手術の高精度局所化対応
・炭素繊維強化材による軽量でも鉄並み強度
・耐震技術高度化による高層ビル建設技術

などです。

火力発電所に代表されるように産業プラントの取り換え寿命は、三〇年と評価されていて、主に、技術進歩を考慮した積極姿勢によるものですが、原子力発電所は、新規立地が難しいため、欧米では、五〇~六〇年とされており、技術進歩を最優先した安全優先の考え方に基づけば、三〇年にした方が良いように思えます。

最新産業材で注目されているのは炭素繊維強化材です。軽量で、鉄並みの強度を発揮するため、

・橋など大型構造物の部分的補修や補強（テープ状のものを巻きつける）
・航空機の主翼や胴体
・乗用車フレーム材

として採用されています。

航空機に対しては、三菱重工業がボーイング社設計によるＢ７８７など最新鋭機の構造材として胴体などに採用しています。乗用車に対しては、独ＢＭＷ社が、まだ、一部の車種だけですが、従来の鉄フレーム構造材に替え、採用しています。

いまの自動車工場は、フレームの溶接に、ロボットアームによる自動溶接が採用されていますが、炭素繊維強化材では、特別に強い接着剤でつなぐため、ボルトは、一切、使用していません。そのため、自動溶接に替わる自動接着材注入アームによる作業になっています。将来は、すべての乗用車が、そのような技術になって行くのでしょう。

航空機の主翼や胴体など、さらに、乗用車のフレームなどが、そのようになるとは、考えられませんでした。半世紀も経てば、今では想像すらできないような新技術が実用化されて行くのでしょう。

産業技術やそれらの安全性を論じる立場からすると、興味は尽きず、常に、強い問題意識を持って、社会に対応せざるをえません。

炭素繊維強化プラスチックの産業利用の拡大

古代ローマ帝国の文化を見ても、石材や鉄材は、これまでの時代を支えたと言っても過言ではありません。

鉄は、強いのですが、重く、腐食するため、長期に利用するには、それなりの対策が欠かせません。

鉄の欠点を克服（強くて、軽くて、腐食しない）する材料が発明されたのは、一九七〇年代です。

それは、エポキシ樹脂を母材とする炭素繊維強化プラスチック（Carbon Fiber Reinforced Plastic：ＣＦＲＰ）です。二一世紀型機能材料とさえ位置づけられ、産業分野では、最近の数年間に、急成長しています。

最初は、マイナーなスポーツ器具（釣り竿、ゴルフクラブのシャフト）でしたが、一九八〇年代には、建築部材や耐震補強材（特に、一九九五年に発生した阪神大震災後、駅や高速道路の高架橋橋脚などに巻きつける）に、規模は小さかったのですが、航空機部材や自動車部材しても、利用され始めました。

しかし、最近の数年間に、航空機産業（Ｂ７８７、Ｂ７７７、ＭＲＪ）と自動車産業で、三倍にも（自動車産業七〇％、航空機産業二〇％、スポーツ器具産業一〇％）、急拡大しています。自動車産業では、今後、世界のメーカーで、多くの車種に、利用されるものと思います。ごく、最近、軽量化のため、電車の台車にも利用され始めました。

ＣＦＲＰボディを採用した独自動車メーカーの製造現場の写真が、公開されていますが、従来の鉄材の溶接ロボットがなくなり、それに代わり、接着剤接合のためのロボットが設置されています。

経済性と安全性の向上のための状態監視技術の拡大

米原子炉メーカーは、スリーマイル島原発二号機炉心溶融事故が発生した一九七九年の春以降、原発の新規受注がなかったため、高性能燃料の開発やシステム管理技術の改良により、設備利用率を高める対策を施しました。

米国では、新規技術の開発のみが評価される傾向でしたが、それまでの価値観とは異なる部分改良に視点を変え、システム全体の信頼性と安全性の向上に注意を向けました。

特に、状態監視技術の導入により、設備利用率は、九〇％にも達し、著しく改善されました。

状態監視技術とは、運転中の原発に組み込まれている機器のうち、回転機器の温度や軸振動、さらに、バルブの温度やトルクをコンピュータ信号として、常時監視し、例えば、軸振動であれば、摩耗により取り換え時期に達すると、振動が通常よりも大きくなるため、その振動の大きさを判断根拠に、原発を停止し、そのつど、部品交換を実施し、再稼働する技術です。

日本の原発では、定期点検時に、すべての機器の点検と部品交換を実施していましたが、一九八〇年代半ばをピークに、設備利用率の低下が顕著になったため、各電力会社は、安全性と経済性の向上を図るため、米国式監視技術の導入を決定しました。そして、一九九〇年代後半から二〇一〇年までに、多くの原発で、状態監視技術が利用できるようになっていました。

福島第一原発事故はそのような時期に発生しました。

GE社は、状態監視技術の応用として、原発だけでなく、自社製造のジェットエンジンに対しても、飛行中に、温度や軸振動などを検出し、その信号に対し、衛星通信を利用して、リアルタイムで、自社コンピュータで処理し、異常診断や最適運転条件の設定のための解析をしています。

航空会社の中には、ジェットエンジンの最適技術管理や最適飛行により、燃料費に年間十数億円もの差が生じています。ジェットエンジンへの状態監視技術の適用は、まだ、始まったばかりですが、今後、通常技術として、世界的に普及するでしょう。

状態監視技術は、原発やジェットエンジンのみならば、製造施設や発電施設や船舶など、産業分野全般に普及し、システムの安全性と経済性の向上に、決定的な役割を果たすものと思います。

GE社やシーメンス社のみならず、日本の大手企業も、状態監視技術を中心としたサービスと高品質管理に基づく新分野の開拓に動き始めました。

ドローンの商業利用と規制の限界

ドローン（形と音から「オスの蜂」の意）とは、米国で開発された電池作動の遠隔操作操縦の特殊目的の小型ヘリのことで、比較的軽量の物品（書籍やピザなどの宅配）や機器（カメラなどの撮影機材）を運搬するために利用されます。

その構造は、四角い枠組み機体の四隅にプロペラを設けたもので、これまでになかった構造です。利用と規制の仕方によっては、新たな産業分野の創設や仕事の効率化が図れ、成り行きが注視されています。

しかし、利用者の性善説に依存しなければならず、もし、悪意を持って利用すれば、たとえば、爆弾を搭載し、あらゆる人物や施設に対するテロ行為も簡単にできてしまうため、まさに、両刃の剣になり、極めて危険になり、社会リスクを大きく高めることになり、そのようなことを回避ないし低下できる規制が可能か否か、論点となります。

まだ、試験利用の段階で、問題の摘出と規制の検討中です。

第Ⅲ章　原子力安全論

旧サイクル機構で体験した受け入れがたいほど不快な出来事

　正確に記憶していませんが、確か、一〇年くらい前のことだったと思います。旧サイクル機構の通称「プルトニウム加工工場」を訪れた際、見学後、会議室で、担当者ふたりと私が、原子力学会研究専門委員会設立にともなう委員選出について話し合っていた時、隣のテーブルで、最初から最後まで、三〇歳台の女性が、何をすることもなく、ノートや議事録を取ることもなく、ただ、話を聞いていました。

　それは、組織として、ある目的のためにしていることだと認識し、あえて、クレームをつけませんでしたが、動燃→サイクル機構→原子力機構という履歴をたどった組織として、そのような監視システムは、原研育ちの私には違和感がありました。彼らにとっては、普通のことだったのでしょうが、その女性の存在は、受け入れがたいほど、不快でした。あの制度は廃止した方がよいでしょう。出入りするひとに少しでもよい印象を与える工夫が必要です。

文部科学省に送信した原子力機構について行政指導を要請した不快な組織制度

これは約一〇年前の出来事です。

私は、当時、日本原子力学会研究専門委員会の委員選出依頼のため、原子力機構の通称「プルトニウム加工工場」を訪ね、施設見学後、会議室で、担当課長クラス二名に用件を伝え、話し合いました。

会議室に入り、大変、不快に感じたことは、会議室には、打ち合わせ机の隣の机に、三〇歳くらいの女性がおり、挨拶もなく、ノートも筆記具も所持せず、ただ、そこにいました。原子力機構職員か、委託会社社員かも分かりませんでした。

大変不快で、違和感がありましたが、担当課長クラス二名から何の説明もなく、事の流れから、そのまま用件に入りました。

そのようなことは、原子力機構でも、旧原研にもない制度で、旧サイクル機構に特有な、あるいは、旧サイクル機構でも、再処理工場やプルトニウム工場など特別な施設に設けられている「監視制度」ではないかと推察します。原子力機構職員にはそのような制度の存在は説明されていませんでした。

訪問者には、秘密警察的暗い印象を与えますので、最初に挨拶をするとか、その制度の説明をして了解を求めるとか、制度廃止するとか、何らかの改善をした方がよいように思います。原子力機構には訪問者によい印象を与える組織努力が必要なように感じました。

原子力機構には適切な行政指導をお願いします。

松浦祥次郎に淵源をもつ原子力機構のニセ炉物理

最近の日本原子力学会の春の年会と秋の大会の両プログラムから、福島の事故以降の原子力界の研究開発動向を調査してみました。

原子力機構からはデブリ模擬燃料の臨界実験計画が発表されていました。複数の発表者のうち、おそらくK・Tの主導の下で実験が行われるものと思いますが、私は、これらの発表者らの炉物理能力を疑っています。これまでのＳＴＡＣＹでの研究成果を見る限りでは、単に臨界量や中性子束分布を測って、それをK・OさんやT・Mら原子力機構の別の部署が開発した計算コードと比較して合うか否かというだけの砂を嚙むような実に馬鹿げた議論に終始しています。とても炉物理とは呼べない代物で、ニセ炉物理と言って良いでしょう。おそらく、デブリ模擬燃料の実験も同じ手法を踏襲するだけで、出てきた結果には何の価値もないといえるでしょう。

歴史を遡ると、このようなニセ炉物理の潮流を作った張本人は、現在、元原子力機構理事長の松浦祥次郎さんに行きつきます。松浦さんは、軽水臨界実験装置（TCA）を若い時から指揮し、TCAそしてSTACYの研究活動には悪しき松浦イズムが継承され、現在でも害毒を垂れ流しています。私は、松浦さんらの論文やレポートを解読しましたが、いずれも単に測っただけ、計算しただけで、炉物理の本質を突くような内容な皆無です。松浦さんが学位取得できなかったのは当然です。

ソクラテスは、汝自身を知れといいましたが、関係者は自らの炉物理をよく自覚し、そして真の炉物理に目覚めることを念願しています。

旧原研の主任研究員や副主任研究員は日本の研究機関でもかなり特殊な人事制度でした。研究員から副主任への昇格にはファーストオーサーでの査読付論文が最低でも三編は必要でした。サイクル機構にも同名の副主任研究員という職位が存在しましたが、国際会議論文や社内報を発表しただけでも昇格できる極めて安易なポストでした。

サイクル機構と統合後は、サイクル機構の副主任研究員に水準を合わせたために、旧原研時代の副主任研究員は、事実上降格処分になってしまいました。事実、旧原研時代に査読付論文が書けないために副主任研究委員に昇格できないでいた無能な研究者が、相次いで昇格するようになりました。統合後に昇格した副主任研究員の発表論文数を調べてみればすぐに分かることです。そのうちのひとりYを調べてみると、ファーストオーサーの査読付論文はたったの一本で、しかもこれはOECDのワーキンググループの報告書と同じ内容で、二重投稿であり、さらに、Wによるとこの報告書は、Wが書いたそうです。「副主任研究員」なるものをどのように位置づけるかは、各法人で独自に決めれば良いことですが、浮かばれないのは、旧原研時代に困難な試験を突破して昇格したひとたちです。彼らには、副主任研究員よりもランクが上の別の職位を与えるべきです。

原子力機構のニセ炉物理のペテンに嵌められた原子力規制委員会の無知蒙昧

私は、常日頃から、原子力規制委員会のホームページに掲載されている資料を徹底的に解読しています。原子力規制委員会が、エネルギー対策特別会計予算で行っている委託事業の事業内容が同ホームページに掲載されていますが、この中に、私がかねてよりその実効性について疑義を唱えてきた原子力機構のSTACYを使ったデブリ燃料模擬実験が含まれています。予算額は、平成二六年度と二七年度で総額一〇億円にも及ぶ巨大プロジェクトです。

私が、かつて、拙著『日本「原子力ムラ」行状記』(論創社、二〇一三)の中で「時代遅れの大艦巨砲主義」と批判したSTACYを改造することが、予算額を膨らましている原因と考えられます。この実験で本当にデブリ燃料の臨界管理に資するデータが取得できれば、あえて異議を唱えるものでありませんが、炉物理で学位を取得した私が断言できることは、このデータは何の役にも立ちません。

この実験計画は、元原子力機構理事長の松浦祥次郎さんに淵源をもつニセ炉物理の悪しき伝統をそのまま引き継いでいます。そのニセ炉物理というのは、臨界実験の測定結果と計算コードの計算結果を比べて、合うとか合わないという炉物理の本質をまったく無視した低次元な議論に終始していることです。松浦さんが学位を取得できなかったのも当然です。

『日本「原子力ムラ」行状記』に記したように、ＳＴＡＣＹは、実験の内容や意義以前に稼働させることが自己目的化している装置です。そして、この装置は、本来プルトニウム溶液実験を行うための装置であるにもかかわらず、その実験計画を撤回し、その総括が何も終わっていないまま、また新たな改造に多額の予算を注ぎ込もうとしています。

この無意味な実験計画に予算措置を行った原子力規制委員会の無知蒙昧も批判せねばなりません。かつての原子力安全・保安院とは異なり、現在の規制委員会には、技術的な中身に疎い役人のみならず、旧原子力基盤機構の技術スタッフも技術的な判断に参画しているはずです。その中でも、日本というより世界の炉物理界の重鎮Ｔ先生の直弟子のＹさんは、本来ならその後継者となっているはずですが、とある事情で原子力規制委員会に籍を置いています。彼の実力をもってすれば、このニセ炉物理のペテンを簡単に見抜けたはずです。

私の邪推かもしれませんが、原子力規制委員会では、多額のエネルギー対策特別会計予算が消化しきれず、予算消化のために、このような無意味な実験に投資しているのでしょう。この予算は、元をたどれば、我々の支払っている電気料金です。これをご覧になった国会議員の方々は、是非とも国会でこれを質していただきたい。必要とあればレクなり何なり、協力します。

パワハラ常習犯の阿部清治さんを雇用する原子力規制庁の不祥事

二〇一四年三月一日をもって独立行政法人原子力基盤機構は、原子力規制庁に統合されました。これにより、原子力基盤機構の職員は、独立行政法人職員から国家公務員に身分を変えることになりました。原子力基盤機構は、いうまでもなく、原子力安全・保安院の天下り先であり、原子力安全・保安院を定年退職した高齢者が多数めしかかえられていました。規制庁に統合されたことで、すでに定年の年齢を超えているこれら高齢者の多くは、お払い箱となりました。経済産業省審議官を定年退官し、原子力安全基盤機構の技術参与としてしぶとく生き残っていた阿部清治さんも、当然、お払い箱となるものと思っていましたが、どういうわけか、原子力規制庁は、いまだに、阿部さんを雇用し続けています。

昔々、私は、不幸にしてこの阿部さんとかかわるはめになったことがあります。阿部さんは、まさに、不快で吐き気をもよおす最悪の人格の持ち主でした。私が阿部さんに対して下した人物評価は、阿部さんは、正常者ではないということです。私は、阿部さんとのやりとりに疲れ果て、不覚にも体調不良にまで陥ったことがあります。正常者でないひととかかわれば、誰でも、同じような状況に陥るでしょう。

阿部さんは、旧原研時代には意味不明の強権を振り回し、パワーハラスメントをくり返していました。現在の原子力機構には、パワーハラスメントを告発できる制度が整備されていますが、阿部さんの原研在職中に、この制度があれば、間違いなく訴えられていたことでしょう。

世の中で、公然と、特定の誰かを正常者でないということは、よほどのことがない限りできないことですが、私には、阿部さんがそのような存在であることを立証する証拠が、山ほどあります。それは著書に書くことが憚られるほどの内容です。原子力規制庁は、原子力基盤機構を統合したがために、阿部さんをはじめとして、国家公務員として、あるまじき性癖を持つ人物を内部に抱え込んでいます。必要とあればこれらを公開することもできます。

茨城県原子力安全対策委員会の判断能力——事業者情報追認主義の弊害

原子力施設を有する都道府県には、原子力をめぐる諸問題を検討するための原子力安全対策委員会、ないし、そのような名称に近い委員会が設置されています。茨城県には茨城県原子力安全対策委員会（委員長岡本孝司東京大学教授含め一四名、任期二〇一三年八月一九日〜二〇一五年八月一八日）が設置されています。

茨城県の主な原子力施設は、東京大学原子力工学研究施設、日本原子力研究開発機構、日本原電東海第二原発、三菱原子燃料、原子燃料工業などのように、東海村に集中しています。

茨城県原子力安全対策委員会の特徴は、

・東京大学依存型（一四名中五名）
・本物の軽水炉安全性研究者が少ない
・形式的安全評価
・事業者情報追認型

の東京大学依存型官僚的形式主義です。

東京大学研究者五名中三名が三菱重工業などから研究支援金を受けていました。茨城県民は、そのような問題のある委員に対し、信じがたいほど寛大な対応をしてきました。本当は委員辞任を求めるべきです。三・一一以前の認識と比較し、残念なことに、何も改善されていません。

委員会の最近の主な検討項目は、

・三・一一で被災した東海第二原発の安全性（非常用ディーゼル発電機三基中一基停止）
・J－PARC放射能漏れの影響
・東海第二原発の新規制基準対応の妥当性

などです。

議事録から読み取れる委員会の最大の欠陥体質は事業者情報追認主義の弊害です。資料を基に事業者が報告した内容に対し、いくつかの質問や補足説明を求める程度の質疑応答内容に終始しています。単なる勉強会です。そのような欠陥は、茨城県の委員会だけでなく、すべての委員会に共通する憂慮すべき問題です。

東海第二原発に対して検討すべき項目は、

・半径三〇km圏内九八万人の立地条件の特殊性（日本で最大、世界でも例のない高人口密度地帯）――大事故の際に日本を代表する研究機関や製造業などの機能麻痺（予防原則適用の必要性）
・新規制基準対応の妥当性――ケーブルダクトの中に難燃物質を吹き付けてケーブル全体を覆うスプレー方式という手抜きの難燃ケーブル対策（すべて難燃性ケーブルに取り替えるべき）
・想定地震動九〇一galと想定津波高さ二〇m――意図的過小評価（政府の地震研究推進本部予測に拠れば、今後三〇年間に、三陸沖から房総沖にかけての日本海溝内側のいずれかの区域で、M（マグニチュード）9.0の地震が発生する確率が約三〇％）
・緊急対策所の機能の十分性
・オフサイトセンターの機能の十分性
・設計寿命四〇年までわずか二年（一九七八年一月一八日初臨界、新規制基準適合審査認可が二〇一六年一月一八日と仮定）の事業者と社会のメリット・デメリットのバランスが悪い

などです。

東海第二原発の再稼働の必要性と利便性は、事業者と社会とも、何もないと言えます。委員会が再稼働に肯定的な判断をすれば、茨城県民に対する裏切り行為に他なりません。原子力機構研究者が再稼働に沈黙するのは委員会同様の裏切り行為です。いま、委員会には、三・一一で明らかになった問題点を積極的に改善する努力が求められています。

茨城県原子力安全対策委員会に対する疑問──岡本委員長は辞任せよ！

原子力施設を有する地方自治体には、自治体の原子力安全対策課が事務局を務める原子力安全対策委員会かそれに近い名称の委員会が設置されています。各自治体委員会の共通点は、原子力事業者からの報告に対する質疑応答と追認くらいで、地方自治体住民のためになっていないことです。形式だけ整えて中身がないことです。ごまかしの委員会にすぎません。

過去の事例で、最も滑稽だったのは、福井県の例で、一四年間停止していた「もんじゅ」の再試験運転に向けての安全性検討の結果、事業者の原子力機構の説明や資料をそのまま追認したため、技術欠陥にともなう燃料交換器構造材落下事故が発生したことです。原子力機構さえ十分調査・検討していなかったためでもあり、さらに、原子力機構を信用しすぎて、何の疑問も深い吟味もせず、そのまま無責任にも、運転を容認した委員会の責任は大きく、委員会が有効に機能していないことが暴露されてしまいました。すべての自治体の委員会の判断能力は、みな、その程度です。甘い期待を抱いているのは各自治体住民だけです。

茨城県原子力安全対策委員会は、昔から、東大依存の権威主義で、東大教授が常に委員会委員数の三分一を占め、原子力事業者からの報告に対する質疑応答・追認くらいしかしていません。岡本教授は、『週刊新潮』誌上で、三・一一以前の価値観のまま、実に、欺瞞に満ちた不合理な原発推進論・安全論を主張していますが、受け入れがたい違和感を覚えます。最近、委員会の東京大学教授五名中三名（関村直人教授、田中知教授、元三菱重工業エンジニアの岡本教授）が、三菱重工業などから数十〜数百万円の研究寄付金を受けていたことが発覚しました。それらの委員には緊張感がまったくありません。茨城県民も無関心で良くない。そのような状況の中で、茨城県が、福島県のようにならなければよいがと、心配しています。茨城県民を愚弄する岡本委員長は、即刻、辞任すべきです。

静岡県防災・原子力学術会議も東大依存の権威主義で、東大教授・名誉教授が委員数の三分一を占めています。静岡県川勝平太知事は、二〇〇九年に就任した非常にユニークなひとです。早稲田大学政経学部教授（比較経済学）出身で、根底には、国家主義的保守主義を掲げています。理想的総理大臣に櫻井よしこさんを挙げるほど偏った思想の持ち主です。

その知事の諮問機関としての防災・原子力学術会議ですから、東大依存の権威主義的委員会になるのも最初からのシナリオどおりだったのでしょう。最初、議長には、強い原発推進論者のひとりである元東京大学総長・元文部科学大臣の有馬朗人さんが就いていました（現在は、顧問ですが、運営など実質的にはトップ）。委員は、大部分、権力追従者であり、原発推進者です。私は、委員受諾前に、そのことを十分に認識していませんでした。私は、おそらく、一部の県民の不満を抑えるための「ガス抜き装置的役割」なのかもしれません。

過去の東南海トラフ地震のマグニチュードが、最大M8.6だから、余裕を見て、M9.0を想定した地震。津波対策を採用するというのは、三・一一以前の考え方で、そのような考え方が成立しないことに、関係者は、いまだに、気づいていません。結局、いまの地震学の知識では、確定的なことは分からず、保守的評価（安全側の判断）などできません。

福島第一原発事故は、東京電力だけの責任ではなく、大きくいえば、日本というシステムの欠陥（もっと具体的に言えば長年の自民党政治の弊害）、権力を支える東京大学や原子力機構などの根拠なき無責任な権威主義の弊害、真実を語ろうとしなかった無責任な地震学者の怠慢にあり、マスコミも国民も、みな、意識的に、罪悪感を持ちつつも、それらから目をそらせ、東京電力叩きによって、うさばらししているだけです。結局、本質的なことは、何も改善・解決されず、同じことがくり返されているのです。

静岡県防災・原子力学術会議会合の感想

日本には、北海道から九州まで、原子力施設のある地方自治体には、原子力安全検討委員会ないしそれに匹敵する名称の委員会が設置され、多い場合で、年間数回くらい開催（会議時間は一回二時間）されています。

すべての委員会の詳細議事録を熟読してみましたが、委員会は、ただ、原子力事業者の説明を聞き、分からない点を質問し、意見を言う程度の追認組織で、社会的形式を整えるためのダミーです。

静岡県防災・原子力学術会議原子力分科会会合の経験では、電力会社は、実際には、計算をしておらず、計算は、すべて、子会社のソフト会社が担当し、電力会社担当者は、納入された報告書を読み、それらしきことを解説する程度で、詳細な計算法や計算モデルや計算コード名を質問しても、具体的に、答えられません。

私の経験すらすれば、自身で計算すれば、計算法の問題点や計算結果の精度や信頼性がよく分かりますが、電力会社担当者の解説を聞いても、分からず、責任を持てる判断ができません。

結局、「もし、計算モデルが正しく、もし、正しい計算が実施され、もし、計算結果の解釈が正しければ、懸念するほどの問題は、ないと思います」という程度の条件つき意見しか言えないのです。それは、何も言っていないに等しく、何の社会的効果もありません。

これまでのバックグラウンドを利用して、PCに、核熱流動計算コードをインストールし、自身で計算するには、原発の機密データが必要となり、電力会社は、提供してくれません。もし、提供してくれたとしても、膨大な計算をしなければ、結論は得られず、もし、ソフト会社に依頼したならば、三〇〇〇〜五〇〇〇万円分くらいの仕事をしなければなりません。実際にはそこまでできません。

結局、単純な追認しかできず、電力会社を生かし、原発再稼働のためのダミーに利用されているだけだと気づきます。受けがたいほど不条理なメカニズムです。

静岡県防災・学術会議原子力分科会会合に、これまで、四回出席し、中部電力の説明を聞き、以下、率直な感想を述べてみます。

説明内容の専門分野が広範囲に及ぶため、ひとりでは、すべて、的確に説明し、質問に答えるのは、非常に難しく、ところどころに、怪しいところが気になりました。

委員からの質問への回答に対し、委員から、

- よくわからない
- ごまかされた
- 納得できない

などの苦言がありました。

私も、二〇一四年九月一一日会合での質問の回答のピンボケの内容に、驚きました。

発表者が自身で計算や業務を担当していないため、計算コードや計算結果の意味やその他の細部について、生きた自身の言葉で、的確に、説明できていないところがありました。

今後、一時間の説明の場合、本当の得意分野を四人で分担説明・質問回答するなど、改善策を施した方が良いように感じました。

三・一一以降、社会の原子力に対する風当たりは強く、関係者がよほど的確な対応をしないと、不信が増します。

電力会社部長に送ったメール

福島第一原発事故について、東京電力には、大きな判断ミスがいくつもありました。以下、簡潔

にまとめてみました。

- 全交流電源喪失の場合、すぐに、手を打たなければ、わずか、二〜三時間で、炉心溶融に進展するにもかかわらず（WASH-1400〔1975〕）、NUREG-1150〔1990〕）、東京電力本店幹部は、無知にも、会議に時間を費やしていました。
- 吉田昌郎所長以下の福島第一原発技術幹部は、全交流電源喪失時の事故対応遵守義務について、何も知りませんでした。
- 一九七〇年に発生した米アラバマ州のブラウンズフェリー一号機のケーブル火災事故では（ケーブル火災事故と冷温停止成功については、拙著『原発のどこが危険か』朝日選書、一九九五、一二五〜一三八頁参照）、結果的に、全交流電源喪失事故になりましたが、原子炉隔離冷却系（RCIC）と圧力逃し安全弁（Safety Relief Valve：SRV）が機能していたため、減圧操作をくり返し、一五時間以内に、冷温停止に成功しました。
- 福島第一原発の三号機では、一日半も原子炉隔離冷却系と圧力逃し弁が機能しており、二号機でも、三日間も原子炉隔離冷却系と圧力逃し弁が機能しており、うまく、教科書の手順どおり減圧操作をくり返せば、冷温停止に成功したかもしれません（SRVの作動可能時間帯については、東京電力の資料や報告書や事故調査報告書に記されていませんでしたので、聞き取り調査を実施しました）。
- 東京電力の操作を見ると、最初から、減圧操作を考慮した準備・操作を一切していませんでした。彼らは事故対応遵守義務を知りませんでした。

ブラウンズフェリー一号機と福島第一原発二号機と三号機の事故を比較すると、東京電力の事故対応のミスが浮上してきますが、お気づきでしょうか？

「吉田調書」における組織内指揮命令権の優先度について

「吉田調書」の問題点を検討する際、言った言わないということを形式的に解釈するのではなく、指揮命令権の優先度が、組織的に、どこにあるのかということを考えなければならないと思います。吉田昌郎所長の命令には優先権があったのかどうかということです。

二〇一一年三月一三日から、武藤栄原子力・立地部長が、第二への避難の準備をしていました。そのことを関係者に、徹底する過程で、三月一五日五時五〇分頃、突然、爆発音によって、二号機サプレッションプール損傷による放射能放出の可能性が浮上しました。（後に、爆発音は、その損傷と関係ないことが分かりました）。

多くの関係者の安全を確保するために、どうしたらよいのか、その決定権は、吉田所長にあったのか、本店幹部にあったのかということです。

吉田所長が、福島第一原発での避難を命令しても、優先権がなければ、命令違反にはならないでしょう。

二号機サプレッションプール損傷にともなう、福島第一原発の正門付近（原子炉の西一・五km）

のモニタリングポストの空間線量率が分かっています（『朝日新聞』二〇一一・九・一一朝刊）。
それに拠ると、

- 六時五〇分　五八三・〇μSv／h
- 七時五一分　一九四一・〇μSv／h
- 八時五〇分　二二〇八・〇μSv／h
- 八時五五分　三五〇九・〇μSv／h
- 九時〇〇分　一万一九三〇・〇μSv／h
- 九時四五分　七二四一・〇μSv／h
- 一〇時二五分　三三四二・〇μSv／h

となっています。

分かりやすく説明すると、その日の午前中、第一サイトの大部分の場所は、毎時〇・三〜一二mSvであり、最大値を例に採れば、原発の定期点検時に、線量率の高いところでの作業で、やむをえない計画被曝のために、現場監督が、ストップウォッチで時間管理し、ひとり三〇秒間だけ作業を継続させる場所に匹敵しています。

風向きによる強弱はあるにせよ、福島第一原発サイトの野外全体がそのような異常な状態になっていました。そのような状況の下で、福島第二原発に、避難するのがよいのか、福島第一原発に、とどまるのがよいのか、判断に迷う問題です。

避難者が、北端に位置する五〜六号機の建屋内に避難するにせよ、バスで移動しても、その後のことを考慮しても、多く被曝します。ですから、福島第一原発サイトで、避難するということは、選択肢としては、ベストではありません。

吉田所長が、何を根拠に、どのような過程で、最終判断したか、誰にも分からないことですが、一三日からの流れの中で、もし、避難しなければならないのであれば、誰もが納得できる避難先は、福島第二原発になるのでしょう。

吉田所長にすべての命令の優先権が与えられていたならば、本店とテレビ会議したり、官邸の指示を気にすることもなかったでしょう。

福島第一原発の六五〇名は、誰の命令に従い、誰の命令に違反したのでしょうか？ 東京電力内では指揮命令系統と優先度は、きちんと、定められていたのでしょうか？ 今後のことを考えれば、この問題を曖昧にできません。

福島第一原発から北西方向に系統的な強い汚染の原因について

二〇一一年三月一五日、本物のサプレッションプール損傷か否か、いまだに、明確なことは分かっていませんが、福島第一原発二号機のサプレッションプール損傷と推定される事象の直後に、大量の放射能放出があり（東京電力編『福島原子力事故調査報告書』二〇一二、二七八頁）、福島第一原発の正門付近（四号機の西約一・五㎞）に設置されていた放射線モニタリングポストで測定された空間線量率が分かっています。

九時に記録された毎時一万一九三〇・〇μSv＝一一・九mSv＝一・一九Rという値は、人間が三〇秒以上もとどまってはならないくらい異常に高い線量率です。

同報告書に拠れば（二七八頁）、二〇一一年三月一五日には、六時五〇分に始まり、徐々に、減衰した上記の放射能放出のみでした。ただし、一六日〇時頃に、一五日五時五〇分頃と同程度の放射能放出があり、その後は、一六日一二時頃まで、ありませんでした。

一五日一二時頃から風向きが変わり、南東からの風、すなわち、北西方向に流れる風になりました。

東京では一五日一一〜一二時頃に放射能が観測されました。距離と当日の風速を考慮すれば、理解できる時系列です。

北西方向の放射能拡散は、一二時以降、ずっと続き、飯舘村には、一五〜一八時に到達し、飯舘村に設置されていた放射線モニタリングポストの線量率にピークが記録されていました。距離と当日の風速を考慮すれば、理解できる時系列です。飯舘村では、一七時から翌朝まで、雨が一〇〇mmくらい降り、空気中に浮遊する放射性物質は、地上に沈着しました。飯舘村の高い汚染は、それにより、発生したと推定されています。

しかし、定性的にも、定量的にも、理解できないことは、その日の午前中に福島第一原発から数時間も風下にあった、海岸沿いの福島県南部地域や茨城県北部地域がなぜ高い汚染にならず、時間が経って、放射能が相対的に少なくなった午後からの北西方向の風に乗って拡散した地域の汚染が、なぜ、高くなっているのかということです。飯舘村より東側の高い汚染地域では雨が降っていたわけではありません。両者の差は何によって生じたのか分かりません。

北西方向の汚染は、これまで推定されていたような主に一五日一五〜一八時だけでなく、一六日深夜の放射能放出以降の影響も含まれているのでしょう。むしろ、一六日深夜以降が支配的ではないのでしょうか？

事故調査報告書の作成過程

世の中のひとたちは、事故調査報告書というのは、事故調査委員会委員が分担執筆していると誤解していますが、実際には、裏方の事務局が、膨大な資料を整理・下書きし、ある程度、形が整ってから、事故調査委員会に提出して、多少の修正はあるものの、そのまま承認してもらっています。

福島第一原発事故の三つ（民間、国会、政府）の事故調査委員会は、数百件から千数百件の聞き取り調査をしました。数の多さからして、異例のことです。聞き取り調査時間は、ひとり一〜二時間ですが、中には、福島第一原発所長の吉田昌郎さんのように、標準的聞き取り調査時間の一〇倍の例もありました。

「吉田調書」の存在が明らかになった後、政府事故調査委員会の吉岡斉委員は、「見ていない」と証言しました。「吉田調書」は四〇〇頁にもおよぶ文書です。吉岡委員は、事故について最も詳しく知っている人物の重要な証言である「吉田調書」の取り扱いについて、意味も重要性もまったく認識できない事務局がすべてを握っていて、委員には、何ひとつ知らされていなかったことを証言したのです。

三つの事故調査委員会の聞き取り調査は、形式的に、聞き取り調査を実施しましたという次元のことで、実際には、報告書に反映されていないごみの山だったのです。ごまかされたのはマスコミと国民でした。

福島第一原発一号機制御棒駆動機構水圧系配管の取替え記録

制御棒駆動機構水圧系は、原子炉格納容器貫通部の配管（一九六本）と原子炉格納容器内側配管の全数を予防保全として耐食性に優れた部材（SUS316LTP）に取り替えられています。二〇〇二年一一月から二〇〇五年七月まで実施していた「第二三回定期検査」で工事しています。

東日本太平洋沖地震発生時には、基準地震動の策定、原子炉建屋と安全上重要な機器（炉心支持構造物、制御棒〔挿入性〕、原子炉停止時冷却系ポンプ、原子炉停止時冷却系配管、原子炉圧力容器、主蒸気系配管、原子炉格納容器）に対する耐震バックチェック（二〇〇六年に策定された「新耐震指針」）は、終了し、耐震強化工事は、不要でした。

原発立地審査が疎かにされた原因は何か？

原発の立地審査には、地質学や地震の研究者がかかわってきましたが、全委員に占める割合が少ないため、行政側に名前をよく知られたごく一部の研究者（昔は松田時彦さん、その後は衣笠善博さん、入倉孝次郎さんなど）が、支配的影響力を及ぼしてきました。

衣笠さんが批判されていますが、大学や電力会社技術幹部から聞いた話では、世間で言われているほど悪くなく、むしろ、面倒見のよい有能な研究者との評価が高いようです。

地質学や地震は、まだ、よく分かっておらず、いまの知識と学問体系で、一九七〇～二〇〇〇年の足跡をたどっても、後知恵での評価になってしまい、なかなか、客観的な位置づけや評価にならないように思えます。

私としては、松田さん、衣笠さん、入倉さんなどに、時間をかけて、聞き取り調査を実施し、なぜ、立地審査が疎かにされてしまったのか、考察してみたいと考えています。

浜岡問題や立地審査問題は、きちんと考察すれば、科学技術社会論学会論文誌『科学技術社会論研究』に原著論文として投稿できる論文を仕上げることもできるでしょう。

大飯原発敷地内の地質評価を間違えた規制委員会と外部有識者を告発

原子力規制委員会（田中俊一委員長）は原発の耐震評価に影響を及ぼす活断層の評価に神経を尖らせています。

過去半世紀の活断層の評価には、

- 原発の安全審査が開始された一九六〇年代半ば頃には地震発生のメカニズムがまだよく分かっていなかったこと
- 一九六八年にプレートテクトニスク理論が発表されたが、発展途上にあったこと
- 分かっていなかったにもかかわらず、安全審査に協力的な一部の研究者の判断を尊重し、原発建設を急いだこと
- 半世紀の前半と後半で飛躍的なほど活断層が確認されたこと
- 活断層の定義が厳しくなり、二〇〇六年までの旧耐震指針における三～四万年前以降から二〇〇六～二〇一二年までの新耐震指針における一二～一三万年前以降、さらに、原子力規制委員会発足時に導入された四〇万年前以降に動いた断層を活断層と変更されたこと
- 一九九五年以降に変動地形学が採用されるようになったこと

などのメリットとデメリットがありました。

そのため、原子力規制委員会の活断層評価（当時の島崎邦彦委員長代理を中心とした関連学会推薦の外部有識者数名からなる検討会）は、過去の矛盾をすべて払拭するための困難を強いられていました。検討会では、敦賀、志賀、大飯、東通の評価がなされました。その過程で、大飯原発については、関西電力の調査結果が正しく、検討会の評価結果が間違っていたことが分かりました。大飯に対して最後まで疑義をはさんでいたのは、変動地形学が専門の渡辺満久東洋大学教授でした。

島崎邦彦委員長代理が、任期二年で退任することになりましたが、実質的には、判断ミスの責任を負わされての更迭です。本当は田中俊一委員長が更迭されるべきでした。それどころか、外部有識者とはいえ、ミスリードの源となった渡辺満久東洋大学教授も責任を負い、今後、一切、原子力規制委員会の仕事にかかわれないようにすべきです。

渡辺さんの過去の主張内容は、信頼性が低く、信用できません。社会の公正性を維持するため、特定の政党や反原子力組織に関係している研究者が安全審査や安全規制にかかわらない方がよいでしょう。

SPEEDI予算半減

『朝日新聞』（二〇一四・八・二五付朝刊）の一面に、「SPEEDI予算半減」の記事が掲載されていました。半減理由は、福島の事故の時、避難情報につなげることができなかったことによります。一口で言えば、実際には、役に立たないということです。そのため、原子力規制委員会は、緊急時、考え方を計算予測から実測予測に、変更しました。今後は、半減した予算の浮いた額を自治体の実測システムの整備に投入方針ということです。

福島第一原発の事故の際、原発からの放出線源強度が分からなかったため（実測評価が単純でなく時間がかかる）、単位放射能強度での線量分布を算出したところ、何のことやら、リアリティがなく、利用できないため、「炉内の全ヨウ素を線源」とする方針を示したところ、政治家から、「そんなことをしたら社会が大混乱する」ということで、中止になりました。

つぎに、政治家から、「線源が分からなければ、原発から離れた複数の箇所の実測線量から、線源強度を推定できないか」と質問され、開発者は、「できます」と答え、そのようにしました。その時には、すでに、時間が経っていて、避難に役立ちませんでした。

ＳＰＥＥＤＩ（System for Prediction of Environmental Emergency Dose Information 緊急時迅速放射能拡散予測計算コード）は、原研で開発された計算コードですが、開発者は、福島第一原発事故を経験しなくても、実際に利用する場合の条件から、問題点が把握でき、何を解決しなければ実用計算コードにならないか、十分に考える時間があったと思いますが、全然、ダメでした。日本で開発した計算コードは、実際に、役立たないものばかりでした。実に、情けない現実です。

「もんじゅ」のくり返される不祥事

「もんじゅ」には、これまで、人材とカネと時間が十分につぎ込まれ、恵まれた条件で技術管理がなされてきましたが、不祥事に次ぐ不祥事で、彼らは、毎日、いったい、何をしているのだろうと不思議でなりません。

最近発覚したのは、液体ナトリウム漏洩を直接的に監視する一二〇台の監視カメラのうち三分の一が故障していたということです。監視カメラが、生きているか死んでいるかくらいのことは、制御室（レンジを切り替えれば、順次、監視映像が観られるはず）で、確認できることでしょう。それすらしていないというのは小学生の認識以下です。

文部科学省方針で、原子力機構の最優先事業として、最後の手厚い人材とカネで管理されている「もんじゅ」の現場で、そのようなことが起こっているというのは、指揮命令系統が機能していないということなのでしょう。

旧原研の衰退

ノーベル賞は、発端から受賞まで、早い人は、わずか、一年とか数年、遅い人で、二〇～三〇年ということもあります。

昔の原研では、基礎研究が多かったにもかかわらず、ノーベル賞は、対象外との印象を受けていましたが、一九九三年に、先端基礎研究センターが東海研に、設置され、比較的、多くの予算で、自由な研究が実施されてきました。

それから、すでに、二〇年経ったにもかかわらず、ノーベル賞受賞どころか、ひとつも、候補にすら上がっていません。

理化学研究所（理研）は、生命科学やそれを応用した先端医療の研究をしており、被引用回数の極端に多い原著論文があり、原研とは異なって結果になっています。

原研のトップ研究者は、東京大学のトップ研究者には、とても及ばず、先端基礎研究センター長は、いつも、東京大学教授から招聘していました。大阪大学の強磁場研究の近藤さんが招聘されたこともありますが……。

原研、いまの原子力機構旧原研は、昔の悪しき伝統から抜け出せず、残念なことに、沈下の一途をたどっているように見えます。

第Ⅳ章　考察

東京電力へのMAAP計算依頼

今回は、少し、深刻な問題提起と米電力研究所が開発した苛酷炉心損傷事故計算コードMAAPによる計算依頼をさせていただきます。内容が内容だけに、ご容赦いただければ幸いです。

福島第一原発事故については、調査・解析が進み、だいぶ解明されてまいりました。そして、いまは、汚染水対策と廃炉準備が最大の課題であるように思えます。

福島第一原発二〜三号機について、ずっと、頭から離れないことがございます。大変失礼ではございますが、もう少し的確な判断をしていれば、冷温停止が可能ではないかと愚考しております。

私は、約二〇年前、世界で発生した全交流電源喪失事故について、確実な学術文献（Nucl.Safety, NUREG）を基に、体系化し、拙著『原発のどこが危険か――世界の事故を検証する』（朝日選書、一九九五）にまとめました。

その中で、一九七五年五月二二日に米アラバマ州にあるブラウンズフェリー原発一号機で発生したケーブル火災にともなう全交流電源喪失事故を詳細に分析しております。

ブラウンズフェリー一号機では、安全系が機能喪失してしまい、唯一、最初から最後まで機能していたのは、原子炉隔離冷却系（ＲＣＩＣ）と圧力逃し安全弁（Safety Relief Valve：ＳＲＶ）でした。それにもかかわらず、一五時間以内に、冷温停止に成功しております。

ブラウンズフェリー一号機と福島第一原発二〜三号機の状況は、よく似ており（ただしブラウンズフェリー一号機の原子炉格納容器はより性能の高いＭａｒｋⅡ型）、福島第一原発二〜三号機にも（前者は三日間、後者は一日半もＲＣＩＳが機能し続け、両機ともＳＲＶは断続的に機能しておりました）、冷温停止の機会は、あったと愚考しております。

福島第一原発の吉田昌郎所長や技術幹部は、なぜ、減圧操作を最優先しなかったのでしょうか？最初から判断を間違えているように思えます。

最初から、徐々に、数時間かけて、ＳＲＶで減圧操作を繰り返し、炉心が沸騰しないように時間をかけて炉心飽和温度を下げれば、十数時間後に、冷温停止が可能であったように思えます。ただし、確実に、そうだと言える根拠は、ありません。と言うのは、両原発では、原子炉格納容器内での熱吸収の程度が異なります。そのため、詳細な計算を実施しなければ、確実なことは、言えません。

そこで、お願いしたいことが二件ございます。

・ＭＡＰ解析部門の最高責任者と実戦部隊長に、上記事項の説明の機会をいただけないでしょうか？

・すでに、貴社では、事故解明のために、ＭＡＡＰで苛酷炉心事故計算を実施しており、計算入力は作成されておりますので、その入力の一部を変更し、私の提案する計算が比較的現実的な時間と費用で実施できるのではないかと愚考しております。実施していただけないでしょうか？

ブラウンズフェリー一号機では、全交流電源喪失で、もちろん、原子炉格納容器も冷却できませんでした。それでもＭａｒｋⅡの性能と自然放熱で乗り切れました。福島第一の二～三号機は、ＭａｒｋⅠですが、自然放熱で、どこまで、圧力・温度とも、耐えられ、冷温停止にもってゆけるかです。冷温停止するには、低圧で、注水する必要はありません。注水なしで可能です。私が計算依頼した狙いは、ＭａｒｋⅠの性能で、原子炉格納容器の冷却なしで、どこまでうまく冷温停止ができるかということの確認でした。手計算や経験による判断では、決定的な結論を出せず、どうしても、ＭＡＡＰ計算が必要でした。

福島第一原発事故の誤った解釈例

福島第一原発事故は、事故後、すぐに、東京電力から、膨大な数のプラントデータが公開されたため、比較的、的確な解釈がなされました。

・地震による機器・配管の損傷は存在しない。
・一号機の非常用復水器は予測より効果的な性能を発揮した。
・RCICは二〜三号機とも予測よりも長時間機能した。

私は、プラントデータから、上記の事実とプラント全体の時系列分析結果を基に、学術書『福島原発事故の科学』（日本評論社、二〇一二）を発表しました。いまでも修正すべき点は一箇所もありません。

国会事故調は、一部の未熟な委員（田中三彦委員など）の主張を鵜呑みにし、調査報告書において、

・一号機A系列非常用ディーゼル発電機は、津波到来前、地震で機能喪失していた
・一号機SRV作動記録がないため、原子炉圧力は、低かった可能性がある
・小LOCAが発生していた可能性がある

などの問題提起をしました。

工学的根拠がないため、「可能性の示唆」しかできませんでした。発生していたと断定したら、工学的根拠の提示を求められます。それは誰にもできません。

しかし、それらの主張は、原子力規制委員会の有識者会合「福島第一原発事故検討会」における学術的考察（当時の原子力基盤機構が実施した原子炉核熱流動計算コードRELAPや米サンディア国立研が開発した苛酷炉心損傷事故計算コードMELCOR〔Methods for Estimation Leakages and Consequences of Releases〕）により、すべて、否定されました。非常用ディーゼル停止時刻は、過渡事象記録装置の

記録内容から、津波到来後であることが確認されました。

その検討会の配布資料は、原子力規制委員会ホームページで検索でき、計算コードによる学術的検討結果が分かりやすく記載されています。

国会事故調報告書の記載内容は、確実な工学的根拠に基づくものではなく、未熟な委員による思い込み、反原発運動論として、主張されたものであり、最初から無理がありました。国会事故調は事故調査の基本的な方法を知りませんでした。一部のマスコミは、意味も分からず、間違った主張をあたかも真実であるかのように取り上げました。

たとえ、未熟な委員の主張を全員が鵜呑みにしたとはいえ、全体責任があり、虚偽文書配布と謝金詐欺で、告発対象になります。今後は本気で告発します。国会事故調の事故調査報告書は、不正手段で作成されたものですから、キャンセルさせます。

国会事故調の地震と耐震安全の検討は、石橋克彦委員が中心にまとめましたが、東京電力報告書のまる写しであり、悪質なことに、作為的に、東京電力報告書に記された欄外の「目視検査による健全性確認」の表記を意識的に削除しました。

『朝日新聞』は、朝刊の連載「プロメテウスの罠」の「追いかける男シリーズ」において、未熟な問題提起者（田中三彦、木村俊雄、渡辺敦雄）の間違った主張をあたかも真実かのように報じました。私はそれらが間違いであることを指摘するメールを朝日新聞社幹部に送りました。朝日新聞社は、「弱者への寄り添い」という美名の下に、間違った情報を流し続けました。

朝日新聞社幹部とのやり取りのメール内容（相手が特定されないような表現上の配慮がなされていま

す）は、私の分析視点と分析結果のみ、拙著『日本「原子力ムラ」惨状記――福島第1原発の真実』（論創社、二〇一四）の主要部分である「考察」に収録しました。

政府の原発推進策とそれを支えたいい加減な東京大学教員を野放しにし、東京電力だけ袋叩きにするのは、一時的感情の表現だけで、何ひとつ、改善されません。安全審査において、原研と東京大学の研究者が担った負の役割と責任関係は、野放しのままです。拙著『日本「原子力ムラ」惨状記――福島第1原発の真実』では政府と原研と東京大学の責任を告発しています。

朝日新聞社が、東京電力叩きをしても、東大批判ができないのは、権力の共同犯罪者のためです。

福島第一原発一～三号機の地震時スロッシング発生の有無の検証

一部のひとたちや国会事故調は、福島第一原発一～三号機の原子炉格納容器の圧力が上昇しすぎた原因として、地震時「スロッシング」（水面が揺れて傾く現象）により、サプレッションプール内の蒸気噴出口が常時水中になかったため、水中での蒸気凝縮が効果的に行われなかったことに起因するとしています。確実な工学的根拠がないため、断定できず、「可能性の示唆」にとどまっています。

そのことが本当か否か検証してみました。

三・一一の本震と余震の発生時系列はウェブで「三・一一本震と余震の時系列」のキーワードで

検索できます。数十の余震の時系列が記されています。

一～三号機の圧力逃がし弁（ＳＲＶ）が作動したのは二〇一一年三月一一～一四日の時間帯です。その間に、余震が九回発生しています（Ｍ（マグニチュード）6.1・6.6・6.5・4.6・7.4・6.7・7.6・4.7・7.5）。下線は福島県沖で発生。

一～三号機のＳＲＶ作動時系列は東京電力編「福島第一原子力発電所　東北地方太平洋沖地震に伴う原子炉施設への影響について」（二〇一一・九）に記されています。

以上のデータを基に検証します。

一号機について

地震によるスクラム後、すぐに、二系統の非常用復水器が自動作動したため、原子炉圧力は、正常に維持され、ＳＲＶの作動は必要ありませんでした。

津波により、非常用ディーゼル発電機が停止し、海水浸水で直流電池電源が機能喪失したため、制御室の記録計（結果的に、過渡事象記録装置）にＳＲＶの作動記録がありません。

一号機は、津波で非常用復水器が停止、その結果、圧力調整と冷却機能が喪失したため、崩壊熱で原子圧力が上昇し、エネルギーバランスからして、津波発生からメルトダウンによる原子炉圧力容器損傷まで（三月一一日一五時二七分～二〇時頃）、確実に、バネ型安全弁が作動（推定では数回から十数回）しているはずですが、記録がないため、確実な検証は、不可能です。

二号機について

地震スクラム後、主蒸気隔離弁閉（一四時四八分）となり、SRVは、原子炉隔離冷却系（RCIC）の手動作動（一四時五〇分）の一四六秒後（一四時五二分）から、約三〇秒間隔で、三〇回作動しています（上記文献の添付８‐16）。RCICの駆動蒸気使用量が少ないため、SRVでも蒸気を逃して圧力調整しなければなりません。

二号機には、SRVが一一個設置されており、そのうち八個の出口配管が圧力抑制プールにつながれ、三個は格納容器ドライウェル空間につながれています。作動したSRVは、SRV‐識別記号Fであり、圧力抑制プールにつながれています。

SRV作動時間範囲内にM6.1・6.6・6.5・4.6・7.4・6.7・7.6が発生しています。下線は、福島沖で発生し、最大震度五弱。

福島沖で発生した最大震度が五弱と言うことは、福島第一原発のある福島県浜通りと仮定して、地表で震度五弱ならば、原子炉建屋地下一階の剛構造の原子炉格納容器サプレッションプールの震度は、四弱以下と推定され、三・一一に、水戸市で、震度六を経験して、構造物の揺れ具合を観察した結果からすれば、四弱以下であれば、サプレッションプールの構造（ドーナツ型容器外径約三〇mで断面外径約八m、水深六mの中間深さに蒸気噴出口が設置）からして、スロッシングで、蒸気噴出口の下まで、空気層がくることはなく、影響は、生じません。

海水注入を目的に、原子炉圧力を下げるために、SRVは、三月一四日一六時~二〇時に数回作動させましたが（上記文献の添付８‐58）、その時間帯に余震は発生していませんでした。ですから、スロッシングは、発生していません。

三号機について

地震スクラム後、主蒸気隔離弁閉一四時四八分）となり、ＳＲＶは、原子炉隔離冷却系（ＲＣＩＣ）の手動作動一五時五分）の約八分前から一時間後まで、三六回作動しています（上記文献の添付８－16）。

三号機には、ＳＲＶが一一個設置されており、そのうち八個の出口配管がサプレッションプールにつながれ、三個は原子炉格納容器ドライウェルにつながれています。作動したＳＲＶは、ＳＲＶ－Ａ（二回作動）、－Ｃ（二八回作動）、－Ｇ（七回作動）であり、圧力抑制プールにつながれています。

ＳＲＶ作動時間範囲内にＭ6.6・6.5・4.6・7.4・6.7・7.6・4.7・7.5が発生しています。下線は・福島沖で発生し・最大震度五弱。

二号機のところで記した分析視点から、三号機についても、スロッシングの影響は、生じません。海水注入を目的に、原子炉圧力を下げるために、ＳＲＶは、三月一三日六時頃に一回作動させましたが（上記文献の添付９－47）、その時間帯に余震は発生していませんでした。ですから、スロッシングは、発生していません。

Ｍ9.0の本震時にＳＲＶは作動していません。二～三号機ＳＲＶ作動時に重なった余震の発生位置とサプレッションプール最大推定震度からして、スロッシングの影響は、発生していません。

よって、原子炉格納容器圧力の異常上昇の原因は、スロッシングではなく、むしろ、サプレッションプールの水温の上昇（一～三号機とも一〇〇～一五〇℃、上記文献の添付7－60、添付8－59、添付9－48）による蒸気凝縮機能の低下によるものと推定されます。

以上のように、公開データから、世の中のインチキ議論など、軽く、見破れます。

福島第一原発一～四号機の地下水流入経路の調査結果

福島第一原発の一～四号機には、それぞれ、地下水が原子炉建屋とタービン建屋の地下一階に毎日計四〇〇ｔも流入し、汚染水対策が大きな課題になっています。

地下水浸水メカニズムを知らないひとは、地震で、コンクリート建屋に、亀裂が入って、そこから浸水したと勘違いしていますが、そうではありません。

私は、二〇一四年五月、福島第一原発に入れないため、福島第二原発に入り、原子炉建屋とタービン建屋の地下一階の連結部の構造を見せてもらいました。

原子炉建屋とタービン建屋の地下一階には、海水冷却配管などがとおすため、両建物をつなぐ外径三〇㎝くらいのスリーブ外套管が設置されています。

地下水はその外套管部隙間から浸水しています。

調査結果は、

・福島第二原発所長によれば、何もない時でも、これまで、数リットルの地下水が浸水したことがあった
・中越沖地震の時、柏崎刈羽原発で、外套管が損傷した
・三・一一地震で、同じくらいの観測地震動の女川原発と福島第一原発五〜六号機で外套管に異常が報告されていないため（地下水浸水が報告されていない）、福島第一原発一〜四号機の外套管損傷は、地震でなく、水素爆発時の両建屋への衝撃振動に起因すると推定される、ということです。

柏崎刈羽原発のように放射能と関係なければ、簡単に、内側から、修復可能ですが、福島第一原発一〜四号機は、放射能で汚れているため、修復できないのです。

大量の汚染水が発生するということは想定外でした。そのことが事故対策と廃炉作業を致命的なほど困難にしています。

水素爆発時の使用済み燃料貯蔵プール水の挙動

福島第一原発事故については、まだ、よく分かっていないことがあり、頭を痛めています。たとえば、一〜四号機の水素爆発時における使用済み燃料貯蔵プール水の挙動です。

五階で、空間的均一な濃度の水素が、爆発すれば、使用済み燃料貯蔵プール水には、直感的に、

均一の圧力が加わるため、プール水がそのままになり、飛び散ることは、ないように思えます。

しかし、均一であることはありえず、それにもかかわらず、プール水がそのまま残っていたことは、どのようなメカニズムによるものでしょうか？　東京電力に拠れば、プール水位は、一～四号機とも、爆発時に、〇・八～一・〇ｍも減少していました。

福島第一原発の冷温停止手順

二〇一四年七月四日に、浜岡原発を訪問した際、質問項目に対するご回答をいただきましたが、項目二三の回答内容が不十分のように感じました。

同じ全交流電源喪失事故でも、福島第一原発とブラウンズフェリー原発一号機では異なり、前者は、地震後、津波後、一～三号機の連鎖的現象に遭遇し、運転員や技術スタッフのプレッシャーは大きく、単純に、後者と比較するのは酷なのかもしれません。しかし、それらは、二次的困難なように思えます。優先して考察しなければならないことは一次的困難です。

ＲＣＩＣ作動中に、時間をかけて、ＳＲＶのくり返し作動で、減圧し、原子炉の飽和温度を下げて、冷温停止の方向に操作するのが正しい手順ですが、福島第一原発では、そのようなことは、最初から最後まで、一切、なされていませんでした。

福島第一原発が最優先したのは原子炉格納容器のベントでした。

福島第一原発一～三号とブラウンズフェリー原発一号機の原子炉格納容器の型が異なるため、（前者はＭａｒｋⅠで、後者はＭａｒｋⅡ）、熱吸収の性能に差があり、格納容器圧力の上昇具合から、ベント優先の必要性が正しかったか否か、ＭＡＡＰで計算して、比較しなければ結論できないことですが、私は、原子炉格納容器は設計圧の三倍まで何とかなることを考慮すれば、冷温停止操作を優先すべきだと考えています。

この問題はＭＡＡＰで解析しなければ結論が出ないでしょう。浜岡四号機の既存のＭＡＡＰ入力の一部を福島第一原発、ブラウンズフェリー原発一号機に合うように修正し、計算し、結果を比較すれば、はっきりします。多少、時間とカネがかかります。

「東電偽証問題」は本当に偽証なのか？

『朝日新聞』の記事の信頼性が社会問題になっています。これまで、おかしいと感じたことは、いくつもありましたが、忙しさに流され、沈黙していました。

「東電偽証問題」は、朝日新聞社による、「吉田調書」並みの曲解・誤報ではないかと感じています。

福島第一原発一号機のカバーが、光を通して、調査目的の四階が明るいか否か、カバーの下側に大きな照明がいくつもあり、五階が明るいにもかかわらず、暗くて危険と説明したことと、現場調査妨害とは、全く関係ありません。

と言うのは、四階が明るくても、原子炉建屋構造からして、一～三階は、暗く、四階に行くには、東京電力社員が調査に行った時と同様、一～三階を経なければならず、ヘッドランプを装備しなければなりません。

ですから、現場調査において、四階が、明るいか暗いかということは、本質的なことではありません。

よって、「東電偽証問題」は、朝日新聞社による、単純で、意図的で、悪質な、ひっかけだったのです。

東京電力が、世の中に、はっきりと説明し、抗議しなかったため、朝日新聞社と田中三彦さんの意図どおりになってしまったのです。

当時の東京電力の玉井俊光企画部長は、きちんと、主張すべきでした。

事故直後における情報の取り扱い方

海渡雄一さんとは、日弁連主催のシンポジウムパネリストをいっしょに務めたことがあり、それを契機に、協力関係を維持しています。大変真面目な方です。最初に会うまで、海渡さんが、福島瑞穂さんの旦那さんとは、知りませんでした。

「吉田調書」の読み方ですが、じつは、東京電力編「福島原子力事故調査報告書」（二〇一二）を読むと（七四～七六頁）、そのあたりの詳細な経緯が分かります。

三日前から、武藤栄原子力・立地部長が福島第二原発への大規模な退避を計画し、手順と方法を記した資料を関係者が閲覧できるウェブにアップし、情報を共有していました。報告書にはその日付のウェブの画面が示されています。方法については、かなり、具体的に記されており、「大型バス五台、健常者は２Ｆ体育館、けが人は２Ｆビジター」など。

当日、すでに、大部分の関係者がバスに乗り込み、吉田さんの命令は聞けず、聞いたのは、重要免震棟にいた少数のひとたちでした。計画した大きな流れを止めることができなかっただけです。ですから、命令に背いたということには、なりません。

「吉田調書」にも、命令違反とする一方、そのすぐ後に、「１Ｆにいるよりも２Ｆの方がよい」と、前言を取り消すような証言が入っています。

「吉田調書」は、他の資料との整合性や矛盾の中で読み、一語一句、検討するよりも、全体の流れの中から、文意を読み取る方が的確な結論が得られるように思いました。

つぎに、学術会議分科会報告書についてですが、科学者の倫理や社会的責任については、不祥事があるたびに問題化し、くり返し論じられましたが、一向に、改善されていませんでした。

歴史的事故の中で、さまざまな発言や行動があり、批判されても当然という内容もありました。

科学者（自然科学系や人文社会系の研究者の広い意味での総称）の九九％は、学会活動（口頭発表、原著論文投稿、委員会委員）だけで、社会で、問題となる発言や行動をしているわけではなく、残りの一％くらいの科学者の発言や行動がやり玉に挙がっているのでしょう。一％の特異な世界を九九％の世界に一般化することには同意しかねます。

歴史的事故の中で、しかも、リアルタイムで進行していて、誰も、本当のことを知りえない時に、私見を述べ、自説を展開し、一カ月後に、ある程度のことが分かり、たとえ、間違っていたとしても、後知恵で、裁くことが正しいことなのか、疑問に感じています。

当時の混乱を分類すれば、

- 首相や官房長官のような政府関係者のように、国民を守るための危機管理の中で、社会的パニックを回避するため、専門家からの情報を基に、真実に近いことを認識していても、政治的判断から、本当のことを国民に伝えなかった（情報制限やウソとして裁けるのか？）
- 安全委員会委員長発言のように、当時、本当に分からなかった
- 東京大学原子力の関村直人教授のように、ＮＨＫニュースのゲストとして、政府や東京電力から正式発表がない時に、専門家として、ある程度、推定できることでも、慎重に、沈黙に近い言葉で濁したことが悪いことなのか
- 被曝影響の不安によるパニックを回避するために、意識的に、政治的に、楽観的な見通しを述べた
- 確信犯的に、被曝リスクを強調した

など、いろいろです。

本人に、突然、真実として、がんを告知することが正しいことなのか、交通事故のケガ人に、

「あと何時間しかもたない」と真実を告げることが正しいことなのか、情報とは何か、情報をすべて出せばよいのか？　歴史的事故の中でそのように感じました。

数名の被曝専門家が、楽観的と思える見通しを述べるなど、政治的発言があったことは事実ですが、彼らの発言内容が世界の研究水準からして、本当に間違っていると検証可能なのでしょうか？

さまざまなケースがありますから、個々の事例を分析し問題点を論じた方が良いと感じました。その時、後知恵で論じるのはアンフェアではないでしょうか？　その時点で、どのような選択肢が可能であったのか、そして、ベストな選択肢が何であったのか、です。後知恵での議論ほど愚かなことはありません。

福島第一原発一号機の未解明問題

東京電力編「福島第一原子力発電所　東北地方太平洋沖地震に伴う原子炉施設への影響について」（二〇一一・九）に拠れば、福島第一原発一〜三号機は、地震直後、スクラムし、その約二分後に（上記報告書の添付7－17、添付8－17、添付9－17）、主蒸気隔離弁が閉となり、原子炉が隔離されました。

隔離されたため、崩壊熱による加熱で、原子炉圧力が高くなり、圧力を逃してやらないとシステムのどこかが破壊します。

隔離後、二号機は、一分後に（添付8－1）、三号機は、一六分後に（添付9－1）、手動操作で、原子炉隔離冷却系（RCIC）が作動しました。これにより、原子炉圧力は、確実に、過大値を防止でき、一定値に保たれます。

しかし、二号機の圧力のがし弁SRV－Fは、隔離五分後、二〇分間に三〇回も作動信号が出ています（添付8－16）。二号機のSRV－A、C、Gは、隔離八分後、六〇分間に三七回も作動信号が出ています（添付9－16）。

隔離直後、一号機のSRV作動記録は、上記報告書には記されていません。一号機は、隔離五分後、非常用復水器（IC）が自動作動したため、原子炉圧力は、調整されました。ですから、SRVが作動しなくても納得できます。

しかし、津波襲来後、ICは直流電源喪失により、機能喪失しました。隔離した状態で、崩壊熱による加熱で、原子炉圧力は、確実に上昇しますが、津波後の直流電源喪失により、SRVどころか、すべての制御・安全系の作動記録が残っていません。

原子炉内のエネルギーバランスからすれば、津波直後の一五時三〇分から原子炉圧力が急減圧される一八時までの約二・五時間に、少なく見積もっても、バネ型安全弁が一〇回も作動していなければなりません。一八時には、現場での原子炉圧力測定値があり、絶対圧七〇気圧になっているため（上記同名報告書改訂版（二〇一二・五）九四頁の上図）、原子炉圧力が低くて作動しなかったとはいえず、作動したにもかかわらず、二～三号機の場合と異なり、高圧蒸気が配管内を流れる蒸気音が聞こえませんでした（運転員証言より）。

一号機と二～三号機のSRVの原子炉格納容器内配置の相違から、一号機の蒸気音が聞こえないことが説明できるのでしょうか？　それとも、いまだに分からないことなのでしょうか？

木村俊雄「地震動による福島第一一号機の配管漏えいを考える」（『科学』岩波書店、二〇一三年一一月号、一二二三～一二三〇頁）の解読

元東京電力社員の木村俊雄さん（発表時四九歳）は、職務上知りえた知識とノウハウを基に、福島第一原発一号機の詳細過渡事象記録を解読し、地震スクラム直後の炉心流量の変化の様子から、原子炉圧力容器底部に取り付けられている制御棒駆動機構（外径一五cmくらいの円筒管一九八本）の制御棒駆動戻り水系配管（外径五cm、駆動水系及び戻り水系配管それぞれ一九八本）のいずれかの配管の損傷を示唆しています。

同記事の図2には、地震スクラム後の約三分間の①炉心流量の時系列②ジェットポンプB系流量の時系列③炉心差圧の時系列が記されています。木村さんは、炉心流量の方向反転の意味と原因を推定しています。そして、原子炉格納容器内部か外部か特定できないものの、制御棒駆動戻り水系配管の損傷を示唆しています。

図から読めることは、炉心流量は、地震スクラム前の約一万五〇〇〇t／hから約一分間でゼロとなり、さらに、瞬時に、マイナス七〇〇〇t／hに反転し、数秒程度そのままになり、その後、

瞬時に、プラス側に反転し、そのまま、ゼロ付近を推移しています。

　配管損傷を仮定すると、配管損傷に起因する流動現象にともなう反転流量が桁外れに大きく、工学的には、不可能な事象になります。配管損傷ならば、流量方向は、そのままに維持され、さらに、反転することはありません。

　制御棒駆動戻り水系配管の損傷を仮定すると、直径五cmの配管のわずかな損傷であろうが、ギロチン破断であろうが、炉水は、制御棒駆動機構冷却用隙間（通常運転時には一ℓ／min）をとおして（二〇一四年七月四日、浜岡原発を訪問した際、同じBWRを保有する中部電力から、制御棒駆動機構の詳細図面を基に、通常時の炉水の移動経路の説明を受け、もし、配管損傷が生じれば、どのような経路から炉水が抜けるか考察しました）、駆動戻り水系配管に抜けますから、瞬時に、大量の炉水が抜けることは、ありません。地震で、数本どころか、数十本もギロチン破断しても、図2の炉心流量変化のようなことは、生じません。駆動戻り水系配管には、途中に、いくつものバルブが設けてあり、特定の部位が損傷しても、冷却水が、すぐに、必ず、漏れるわけではありません。

　日本では、一九七〇年代後半から、通産省管轄の原子力工学試験センター多度津試験所の振動台で、縮小構造物や実規模構造物での耐震試験が実施され、多くの試験データが蓄積されてきました。

　それらの試験結果は参考になります。

　二〇〇七年に発生した新潟県中越沖地震で被災した柏崎刈羽原発一～七号機（設計地震動の二～四倍の観測値九〇〇～一八〇〇gal）でも、二〇一一年に発生した東北地方太平洋沖地震に被災した女川原発一～三号機（設計地震動五七〇galに対して観測値約六〇〇gal）と福島第一原発一～六号機（設計地震動六〇〇galに対して観測値約六〇〇gal）でも、駆動水系及び戻り水系配管は、まったく、損傷していませんでした。それどころか、変形どころか、塑性変形すら生じていませんでした。実機でのこれまでの蓄積データは参考になります。

福島第一原発一号機の駆動水系及び戻り水系配管は、応力腐食割れ（Stress Corrosion Cracking：SCC）対策のため、すべて、取り替えられていますから、そのユニット特有の老朽化ということは、ありません。

三・一一の時、水戸市の自宅で、震度六に震災しました。一カ月後に、水戸地方気象台に、自宅近くの地震加速度観測値を問い合わせたところ、合成値（上下左右最大値）で八五一・二galということでした。地震のピークがわずかにすぎた時、自宅内に入り、構造物（主要構造材、耐震構造材、耐震金具、地下配管類など）の挙動を目視しました。住宅よりも原発の方が耐震設計は厳しくなされています。福島第一原発一～六号機の原子炉格納容器底部で観測された地震加速度は約六〇〇galです。その近くの制御棒駆動機構もその程度です。住宅のような軟構造と原発のような剛構造では、その挙動を直接比較できませんが、参考にすることはできます。

経験からすれば、地震による制御棒駆動機構への影響は、懸念すべきレベルではありません。経験から、誰が真実を述べ、誰がウソをついているかよく分かるようになりました。

木村さんの指摘する事象は、定量的に解析すれば、配管損傷に起因するものではなく、工学的に確からしいことは、炉内自然循環としか考えられません。同エッセーを読んで感じることは、木村さんは、基礎的な原子炉熱流動を理解できていません。いったい、どこで、どのような勉強をしてきたのだろうかという疑問だけが湧いてきました。

『朝日新聞』の朝刊連載「プロメテウスの罠――シリーズ追いかける男No.2」には、木村さんについて、「福島県双葉町生まれ、高校は東電学園（一五～一八歳）に進み、一九八三年東京電力入社（一八歳）、やがて原発への疑問が膨らみ二〇〇〇年一一月退社（三五歳頃）」と記されています。『科学』の記事には、「一八八三年入社（一八歳）、一九八四年三月（一九歳）～一九八五年九月（二〇歳）新潟原子力建設所にて試運転・使用前検査に従事……」となっています（カッコ内の年齢は桜井が補足）。

東電学園は、学校教育法に定める学校ではなく、高度経済成長期に、大企業が、企業に都合のよい人材を育成するため、独自の教育科目で履修させる企業内職業訓練校です。ですから、東京電力社員しか、入学できません。原発の炉心管理には、最低限、工学部卒業者、できることならば、工学部原子力工学科卒業者か原子核工学科卒業者か大学院工学研究科原子核専攻修士課程修了者が好ましいにもかかわらず、まったく畑違いの経歴の人物が従事しています。

木村さんの例が示すように、原発には、素人同然のひとたちも携わっています。基礎的な原子炉熱流動すら理解できていないひとが炉心管理に従事しているとは驚きです。

福島第一原発事故で、一号機の非常用復水器（その機能からすれば、隔離凝縮圧力調整器）操作オペレータがＩＣの動特性（圧力や温度などの変化）を知らず、急速な圧力効果が正常なのか、配管損傷によるものなのか、判断できませんでした。それどころか、三号機で高圧注入系（ＨＰＣＩ）が作動した際、数時間後に、作動圧力が約一〇気圧（絶対圧）まで降下したことに対し、東京電力本店の事故解析担当者は、記者会見の時に、配管損傷の可能性を示唆しましたが、その後の調査で、正常な動特性の範囲内であることが分かり、そのことを記者会見で報告しました。結局、現場で働いているひとも、本店で技術に携わっているひとも、何も分かっていないのです。何も分かっていないひとたちが事故対応したのですから、冷温停止できる機会を失い、メルトダウンするのは、当たり前です。そのような問題は九電力共通の欠陥です。

私の耐震安全性にかかわる認識経緯

過去の職業としての専門は、炉物理と原子炉安全解析ですから、専門外の耐震安全性については、啓蒙書や新聞や月刊誌を読む程度で、特に、関心があったわけではありませんでした。

状況が一変したのは原子力工学試験センター原子力安全解析所に勤務してからでした（一九八四年八月〜八八年三月）。原子力安全解析所には、耐震部があって、クロスチェック用の耐震安全解析コードが整備され、実証解析や実際のクロスチェック解析が実施されていました。耐震部長は、秋野金次さんで、日本の原子力開発の黎明期における耐震安全性研究の第一人者（日本原子力研究所→日本原子力発電→原子力安全解析所）でした。業務に直接関係ありませんでしたが、耳学問で、自然と、耐震安全性についてのバックグラウンドが高くなってゆきました。

原子力工学試験センターには、香川県多度津に多度津工学試験所があり、世界最大の耐震試験振動台（水平方向と垂直方向の同時震動が可能）が設置されていました。原子力安全解析所に勤務していた頃から、業務とは関係ありませんでしたが、多度津工学試験所で実施された耐震試験内容と成果報告書を熟読していました。

阪神大震災（一九九五）の発生直後、現場調査を実施しました（桜井淳『安全とは何か——市民的危機管理入門（続）』（桜井淳著作集第5巻、論創社、二〇〇五））。秋野さんに聞き取り調査を実施しました（同文献）。

新潟県中越地震（二〇〇四）と新潟県中越沖地震（二〇〇七）の現場調査を実施しました。中越沖地震のちょうど一カ月後に、被災した柏崎刈羽原発の原子炉格納容器とタービン建屋の内部を調査しました。目視して確認できる変形や損傷はありませんでした。その後の東京電力による詳細な調査・解析でも、損傷どころか、塑性変形すら確認できず、弾性変形の範囲内でした。

多度津工学試験所では、フルスケールやセミスケールの試験体での耐震試験が実施されていました。当時、日本で代表的な原発の設計用地震動（四五〇gal）の四倍（一八〇〇gal）を模擬した通常の耐震試験やそれ以上の地震動を模擬した破壊試験が実施されていました。ですから、柏崎刈羽原発の被災状況は、多度津工学試験所での通常の試験条件範囲内であって、柏崎刈羽原発の結果は、多度津工学試験所での耐震試験結果を把握している研究者には、十分に予測できました。私も把握していました。

耐震試験では、よく、再現性の回数とか、実機と一対一に対応していないことが問題視されます。しかし、世界的に採用されている工学手法に則り、材料の経年劣化や製造時不確実性をカバーできるだけのコンサーバティブな条件で試験条件が設定されていますので、試験の成立性や結果の妥当性を否定することは、できません。試験体と実機が完全に同じものでなければならないとしたら、実験や計算によるシミュレーション技術は、成立しません。二〇世紀後半以降、高速コンピュータによるシミュレーション技術は、今日では、不可欠な工学技術のひとつに成長しています。

東北地方太平洋沖地震では、合成値八五一・二galの現場で被災しました。体験により、日本の誰が本当のことを言い、誰がウソつきか、よく分かりました。地震研究者の石橋克彦さんもウソつきです。三年後、福島第一原発と福島第二原発の現場を調査しました。もちろん、福島第一原発一〜四号機の原子炉格納容器の中には入れませんでした。入れないからと言って、中の様子がまったく分からないわけではありません。

一〜四号機の内部の様子はつぎの根拠からかなり高い確度で推定できます。

- 東京電力によって事故直後に公表された一〜六号機プラントデータ
- 「吉田調書」における吉田昌郎所長の証言内容「運転パラメータから判断して地震による配管損傷などは認められなかった」
- 多度津工学試験所での耐震試験結果
- 柏崎刈羽原発一〜七号機の被災結果（損傷・変形なし）
- 女川原発一〜三号機の三・一一被災結果（福島第一原発と同程度の設計地震動と観測地震動、損傷・変形なし）
- 福島第一原発五〜六号機の三・一一被災結果（福島第一原発一〜四号機と同程度の設計地震動

と観測地震動、損傷・変形なし）
・福島第二原発一～四号機の三・一一被災結果（福島第一原発と同程度の設計地震動、観測地震動は幾分小さい、損傷・変形なし）

それでも、プラントデータには表れない無限小損傷や実機特有の製造時不確実性に起因する小さな損傷まで、完全に否定できませんが、地震による有意で深刻な損傷は、なかったと解釈してよいでしょう。

以上の推論過程を受け入れないひとは、エンジニアでも、研究者でもなく、運動家です。田中三彦さんは以上の項目をすべて否定している運動家です。

原子力規制委員会は、「東京電力福島第一原子力発電所における事故の分析に係る検討会」を設け、苛酷炉心損傷事故解析ＭＥＬＣＯＲコードで解析した結果を検討し、プラントデータと比較することにより、損傷はなかったと結論しました（平成二五年一〇月開催第四回検討会資料「福島第一原子力発電所一号機の小規模ＬＯＣＡ発生に関する検討」、平成二五年一一月開催第五回検討会資料「福島第一原子力発電所一号機津波到達後の小規模ＬＯＣＡの可能性について」）。同検討会は、過渡事象記録装置の記録時系列から、一号機Ａ系列の非常用ディーゼル発電機は、津波到達後に停止したことを確認しています。

田中さんは、「一号機の非常用復水器は、地震で壊れていて、すでに、機能を喪失していたため、炉心溶融につながった」と主張していますが、彼は、プラントデータを的確に理解できていません。実際には、機能しすぎていました。運転員は、非常用復水器のＡ系列とＢ系列のうち、Ａ系列とＢ

系列の合流点の配管冷却率が基準値（毎時五五℃）の三倍（プラントデータから）にも達していたため、B系列を停止し、A系列のみ最適圧力（六〇〜七〇気圧）に調整しながら運転しました。

田中さんが、事故直後から、ずっと、主張してきたことは、すべて、間違っており、成立しません。事故直後からの私の指摘どおり、それに、原子力規制委員会検討会の結論から、すでに、成立しないことが明確になっています。

森一久さんとのやり取り

森一久氏（故人）は、長期にわたり、日本の原子力界のスポークスマンでした。

森さんは、京都大学物理卒で、卒業研究は、湯川秀樹研で過ごしました。そんな師弟関係から、日本に原子力委員会が設置される時、当時、原子力産業会議社員だった森さんは、湯川秀樹さんを委員にすべく、働きかけました。そして、実現しました。湯川さんは、原子力政策の進め方に違和感を覚え、すぐに、辞任しましたが、辞任に先駆け、森さんにそのことを伝えていました。

私は、原研の戦略組織である企画室兼務の時、業務命令を受け、当時、日本原子力産業会議専務理事の森さんの補佐役を務めました。

私は森さんから直接聞きました。「京大生の夏休みに広島市の実家に帰郷した時、爆心地で、被爆した。中心から水平距離で一㎞だから、爆心地のそのまた中心だった。生死を分けたのは、爆心地からの距離ではなく、どこにいたかであった。被爆後、自覚症状が出たので、心配になり、病院に行き、被爆時の様子を話し、どのくらい被爆したのか被爆線量を推定してもらった。イギリスやフランスの原子力施設周辺で、白血病が生じているなど、自身の経験から、ありえないことだ」と。
広島・長崎の疫学調査では、四〇〇mSv以下（場合によっては一〇〇〇mSv以下）では、自覚症状が出ないことが分かっており、それ以上で、

- 五〇〇〇mSvで半致死量
- 一万mSvで致死量

です。

ＪＣＯ臨界事故の時には、Ａ氏が三〇〇〇〇mSv、Ｂ氏が八〇〇〇mSv（死亡）、Ｃ氏が一万二〇〇〇mSv（死亡）でした。

森さんは、被曝線量を具体的に口にしませんでしたが、事実関係からすれば、四〇〇mSv（場合によっては一〇〇〇mSv）<ｘ<五〇〇〇mSvということになります。

森さんは、その後、何の異常もなく、八〇歳台半ばまで生き、子供も健康です。普通の寿命でした。むしろ、長生きした例かもしれません。

被爆問題で分からないのは森さんのような事例です（このような事例は他にも多い）。

森さんは、際立った能力や政治力があったわけではないにもかかわらず、長期にわたり原子力界のスポークスマンに押し上げられていたのは、原子力推進の好都合な生き証人だったためでしょう。

私は、森さんの話を聞き、日本の原子力開発の政治構造を読み取り、受け入れがたい不信感と絶

望感に襲われ、辞任を決意しました。人事のことは、一年が単位ですから、一年間、黙って務めました。

私は、辞任後、森さんとは、距離を置くように心がけました。

私は、福島第一原発事故後、低線量被曝リスクと森さんの事例が一致していないことに、困惑しています。

チェルノブイリでは、ヨウ素131（半減期約八日）による小児甲状腺がんによる死亡や異常が多く報告されていますが、長期影響のセシウム137（半減期約三〇年）によるがん発生による死亡は報告されていません。

被曝問題は、世の中で論じられている程、単純ではないように思え、慎重な対応をしています。

生涯積算被曝線量

人間（具体的に私の例）は、生涯、どのくらいの積算被曝線量になるのか、ざっと、計算推定してみました。

①全身被曝

・自然放射線　世界平均では、年間二・四㎜Svですから、男性の平均寿命八〇歳まで生きると仮定して、二・四mSv×八〇＝一九二mSvとなります。

・研究被曝　私の場合、放射線従事者手帳記録に拠れば、原研での炉物理実験で、四半世紀の勤務期間積算で一・五mSvです。

・航空機被曝　日米間や日欧間の飛行機移動で、私の場合、これまで、五〇回として今後はあまりないと仮定し、一往復当たり〇・一mSvとして、〇・一mSv×五〇＝五mSvとなります。

②部分被曝

・胸部エックス線　小学校から退職まで、義務的に、その後も、毎年、人間ドックで、一回当たり〇・〇五mSvですから、八〇歳まで、〇・〇五mSv×八〇＝四mSvとなります。

・成人病検診胃がんエックス線　四〇歳から成人病検診で、胃がんエックス線検査を受けますが、一回当たり〇・六mSvですから、八〇歳までの四〇年間に、〇・六mSv×四〇＝二四mSvとなります。

・胸部エックス線CT検査　生涯一回もしない人もいれば、数回受ける人もおり、私の場合、すでに、二回受けており、今後ないと仮定して、一回当たり六・九mSvですから、六・九mSv×二＝一三・八mSvとなります。

・食物内部被曝　個人差があるため、また、標準状態が把握できないため、おそらく、あまり大きくなく、無視しても、影響しないと仮定し、〇mSvとなります。

・その他　歯の検査や骨折でエックス線検査をしないと仮定して、〇mSvとなります。

③評価

全身被曝と部分被曝を単純加算すると、間違いになりますので、概算として、全身被曝に置き換えるため、その部分が身体体積に占める割合を三〇％と仮定し、積算部分被曝値を三分の一と仮定し、一四mSvとなります。

よって、

- 自然被曝一九二mSv
- 研究一・五mSv
- 航空機五mSv
- 医療全身換算値合計一四mSvとなります。

④結論

研究と航空機は主要要因ではなく、一番大きな影響要因は、自然放射線です。医療は自然放射線被曝の七％にすぎません。人間の個人的努力では、どうすることもできない要因で、すべてが、決まっています。

生涯積算被曝線量は、一九二＋一・五＋五＋一四＝二一三mSv＝二一remとなります。

このような評価過程から、食物内部被曝に、過度に、神経質になるのは、無意味であることが分かります。

低線量被曝リスク疫学調査の信頼性

最近の福島第一原発事故も含め、低線量被曝リスクにかかわる世界の疫学調査研究には、関心があり、関係資料を熟読吟味してきました。継続的に加算し、すでに四半世紀になります。

- 福島県小児甲状腺がん発生数
- 日本の放射線従事者被曝疫学調査結果
- 米国の放射線従事者被曝疫学調査結果
- ドイツ原子力施設周辺小児がん発生数
- イギリス原子力施設周辺小児がん発生数
- トンデルらによるスウェーデンにおけるチェルノブイリ影響に起因するがん発生数
- オーストラリアにおける青少年のCT被曝による白血病発生数
- オックスフォード調査

など。

その中で、疫学調査の方法と結論が学術的に正しく、歴史に残るものは、いくつあるでしょうか？　精度の高いものもありますが、統計的に信頼できないものが多く、みな、不確実性があり、断言できる信頼性は、ないと解釈しています。まさに、いま、不確実性の中にあるのであって、分からないことは分からないと言う以外にありません。

私は、二〇mSv以下でも一〇〇mSv以下でも、リスクがないとは考えていません。ただ、そのリスクは、生活上の数十のリスク要因と比較し、特別なのかということです。生涯被曝線量において、食物から受ける影響が神経質になるほど大きいのかということです。

事故で避難中に多く被曝し、二〇mSv地域での生活者は、被曝リスクという視点から、許容できない現状だと思っています。

スウェーデンのマーチン・トンデルのように真面目な研究者は、学会論文誌に掲載された疫学調査の原著論文の結論に誤りがあることに気づき、修正の原著論文（六頁）を発表しました。がん発生数には、様々な社会的・環境的要因があって、原因は、明確に区別できません。トンデルは、そのひとつの要因に気づき、修正しました。すべての疫学調査結果には、トンデル的問題（同じ要因という意味でなく、考えられる要因がいくつもあるという意味）が含まれています。

福島県の小児甲状腺がん発生数は、本当に、他県と比較し、被曝との因果関係を断言できているのでしょうか？　これまでの情報では、有意な差ではないとされてきたと思います。無理に有意と解釈しない方が良いと思います。一万人に数人という数字は有意で真実な結論でしょうか？

私の被曝事例では、八〇年の平均寿命で考えた場合、決定的要因は人間の注意ではどうすることもできない自然放射線の影響が圧倒的であることを示したにすぎません。

福島の事故では、避難命令にもかかわらず、高齢者が健康上の理由で避難できなかった例があり、その被曝線量の詳細は公開されておらず、さらに、避難中の急性障害についても、私の認識は、報じられた範囲の情報をもとにした結論でした。

低線量被曝リスクの疫学調査結果への疑問

オーストラリアで実施されたＣＴ検診にともなう低線量被曝の疫学調査の結果は、精度がよく、統計学的にも有意な判定条件に入っていて、明確に、被曝線量とリスクの相関関係を表しているように見えました。

しかし、私は、疑問を持ちました。そして、そのデータを引用して著書の中で議論していた今中哲二さんに問題提起しました。

その疫学調査は青少年が複数回のＣＴ検診を受けた結果をまとめたものです。

私くらいの年齢であれば、健康管理のため、ＭＲＩを一回、ＣＴ検診を一回か二回くらい受けるかもしれませんが、数歳から二十数歳の健康な青少年が、ＣＴ検診を複数回受けるはずがありません。受けたことは、真実でしょうが、彼らは、特別な疾患や病気を持っていたバイアスのあるサンプルで、被曝が原因で影響受けたことによる結果ではなく、他のいくつかの要因によることも考えられ、疫学調査結果の考察では、それらが明確に示されていません。

一般則を導こうとするのに、バイアスのあるサンプルを利用するのは、学問ではなく、ルール違反です。低線量疫学調査には、その部類のイカサマがいっぱいありますから、くれぐれも、慎重であってほしいと念願しています。もちろん、福島県の小児甲状腺がん発症者に対しても、注意深い吟味が必要です。

低線量被曝と発症の因果関係

高線量被曝ならともかく、低線量被曝と発症の因果関係を明確にすることは、いまの学問レベルでは、不可能です。

たとえば、原発の定期点検で、管理区域業務に従事して、白血病になっても、被曝が原因と決めつけられません。

と言うのは、原子力分野に従事していない、普通の生活者でも、白血病になるからです。

因果関係を究めるためには、まず、日本の各県の普通の生活者の集団の白血病発症率を求め、各県ごとのバラツキを評価します。つぎに、全国の原発従事者の白血病発症率を求めます。両者の集団データを比較し、有意な差が生じているか否かです。バラツキの範囲ならば、いまの学問レベルでは、判定できないことになります。もし、両者に有意な差が生じたならば、原発従事者の被曝履歴を調べ、被曝線量と白血病発症率の関係を評価します。

つぎに、強い相関がなければ、さらに、従事者の勤務期間を調べ、晩発性ガンが考慮されるように、勤務期間と被曝線量と白血病発症の有無の相関関係を評価します。ここまで調べても、いまの学問レベルでは、明確に、低線量被曝と白血病発症の相関関係は、分かりません。

　欧米や日本では、全国的な放射線従事者の登録記録とアンケート調査から、被曝線量と白血病発症率が評価されています。その結果、わずかに、右上がりの直線となっています。学会誌の解説論文やそれらを引用した啓蒙書が多く出版されています。低線量被曝の疫学調査の難しさと要因を知らないひとたちは、その結果をもって、明確な相関関係がある、すなわち、被曝量に依存したリスク増加が証明されたと解釈していますが、そうではなく、右上がりには、被曝以外にも、分離できない十数種の要因が重なり合っています。いまの学問レベルではそれらの要因を明確に分離できません。

　広島・長崎の疫学調査から、被爆線量に依存したさまざまな症状や発病や死因が研究されてきました。被爆線量がある値以上になると、個人差もありますが、鼻血がでます。しかし、個人差により、被曝しなくても、鼻血は、出ます。

　では、福島県での鼻血発症率は、被曝依存なのか否かです。それを究めるには、まず、日本の各県の小児を含む普通の生活者の鼻血発症率を調べ、バラツキを評価します。つぎに、福島県の鼻血発症率を調べます。両者のそれらを比較し、バラツキの範囲ならば、相関関係はなく、もし、範囲外ならば、推定被曝線量と鼻血発症率の関係を評価します。『美味しんぼ』という漫画では、主人公が、福島第一原発を見学した後、鼻血が出たと記していますが、それは、ありえないことです。マスコミの議論の内容を調査してみると、いつもながら、受け入れがたい不自然な論理展開がなされています。

いずれも、被曝線量を無視し、被曝と鼻血の一般論（広島・長崎疫学調査結果）を論じています。高線量被爆で鼻血が出ることは分かっています。疫学調査結果であり、誰も、否定しません。

牧野淳一郎氏（当時、東京工業大学教授）は、月刊誌『科学』（二〇一四・八、八二六〜八三〇頁）で、『美味しんぼ』と鼻血の問題を論じる中で、事故直後の双葉町の空気中放射能濃度（一〇〇〇Bq／cm³）から、鼻粘膜の被曝線量（一Sv）を推定し、鼻血の必然性を論証しようとしました。

原発の見学環境と「双葉町の空気中放射能濃度（一〇〇〇Bq／cm³）」は、比較にならず、牧野さんは、桁の違う議論をしていませんか？　それは素人相手のインチキ議論です。原発内での長くても数時間で被曝するわずかな被曝線量（一mSvの一〇〇分の一）で、鼻血が出るかといえば、それはありえないことです。

私が専門的な調査・研究のため、高線量率の現場に入りたいと申し出ても、電力会社は、絶対に許可しません。いわんや漫画家を不注意に入れることは絶対にありません。私は、原研で四半世紀、炉物理実験をし、わずかな被曝（管理合計値一・五mSv）をしています。日本のすべての原発の定期点検の現場にも入りました。海外の多くの原発の定期点検の現場にも入りました。自身も、周りの人たちにも、鼻血の経験者は、ひとりもいませんでした。

ＥＣＲＲ報告書の不確実性

欧州放射線リスク委員会（ＥＣＲＲ）編『放射線被ばくによる健康影響とリスク評価』（明石書店、二〇一一）を読んでみました。

ＥＣＲＲ（European Committee on Radiation Risk）は、これまでのその種の他の国際的な公的組織と同質の組織ではなく、利害組織と一切関係ない市民委員会です。ＥＣＲＲはＩＣＲＰの不条理な箇所（論証のために引用した文献の客観性、被曝評価の考え方、被曝評価モデル、疫学調査結果の解釈など）を徹底的に暴いています。

ＥＣＲＲの最も大きな目的は、欧州の数箇所の原子力施設周辺で発生している小児白血病の解釈とリスク評価におかれており、内容構成は、その主張の正当性を示すための論理構成になっています。

ＥＣＲＲは、特に、欧州原子力施設周辺で発生している研究対象のように、原因が科学的に、明確に、究明できない場合には、社会安全と人権の立場から、社会リスクを最小にするため、被曝が原因と考え、予防原則の考え方を最優先すべきであるとしています。

いくつかの組織によるこれまでの疫学調査研究では、欧州の数箇所の原子力施設周辺で発生している小児白血病の原因が何であるか、究明されていません。疫学調査研究というのは、近くに、原発や再処理工場のような原子力施設が存在するから、原因は、放出放射能に起因する被曝と断言できるほど、単純な問題ではありません。

これまでに、クラスター説（その地域特有の集団的発生）やポピュレーション・ミキシング説（原子力施設建設にともない建設労働者としてほかの地域から流入してきた人たちが持ち込んだ病原菌に基づく）などが提案されてきましたが、一般的には、受け入れられていません。

原子力施設周辺の小児白血病の問題は、過去、四半世紀、くすぶり続けてきました。問題提起者が、市民や市民団体、大学や研究機関の研究者、ドイツの『ＫｉＫＫ報告書』（原発風下距離依存性あり、しかし、被曝が原因と断言していません）のように、政府がかかわっているものもあります。

ＥＣＲＲは、学術文献だけに頼らず、むしろ、あらゆる資料を同等に扱い、原因究明していますが、明確に論証できているわけではなく、被曝が原因と仮定し、ＩＣＲＰのリスク評価結果と比較しています。

そして、ＥＣＲＲは、結論として、いずれの事例においても、ＩＣＲＰよりも、リスクが一〇〇～一〇〇〇倍も大きいとしています。

ＥＣＲＲは、最初から、明確に、反ＩＣＲＰの立場から、高い理念と安全哲学を掲げ、原子力施設周辺で発生している矛盾点の解明を試みました。

ＥＣＲＲは、ＩＣＲＰの矛盾や解決のための方向性を示した社会科学的研究では成功しているものの、研究対象をブラックボックスとして、原因を問わず、すべての事例を被曝が原因と仮定し、ＩＣＲＰの過小評価を強く批判していますが、自然科学的研究が中途半端で失敗しており、原因究明とリスク評価になっておらず、従来の予防原則の考え方の適用例の域を一歩も出ていません。

ＥＣＲＲ報告書の記載内容は、市民運動家には歓迎されるものの、伝統科学の中で生きてきた研究者からは疑問視されるでしょう。

キース・ベヴァーストックの「UNSCEAR 2013」批判内容と不確実性

キース・ベヴァーストック「福島原発事故に関する『UNSCEAR 2013』に対する批判的検討」（『科学』二〇一四・一一、一一七五〜一一八四頁）を何度も熟読してみました。後知恵でのあげ足取り的理想論であって、エッセーレベルの読み物です。もう少し学術的で、慎重であってほしいと感じました。

- 「報告書の出版が遅すぎる」（一一七六頁）
- 「原子力機構は、原子力ムラの仲間の東京電力に好都合なように、意図的に、放出放射能量を少なく評価し、セシウム１３７については、ノルウェー大気研究所のStohlの三五・六PBqの四分の一の八・八PBqである」（一一七八頁）
- 「委員は推進側の研究者のみで、脱原発関係者が入っていない」（一一七九頁）
- 「（日本全体の全身）集団被曝線量は四万八〇〇〇Sv／人」（一一八一頁）

など。

二番目について、私は、原子力機構研究者論文（J. Nucl. Sci. Technol, Vol. 48, pp.1109-1134〔2011〕）とStohl論文（Atoms. Chem. Phy., Vol.11, pp.28319-28394〔2011〕）の確認をしました。Stohl論文の信頼性が他よりも高いとは言えません。放出量が多ければ正しいわけではありません。サイエンスではなく、社会科学としての予防原則の適用ならば、そうでよいでしょうが、キース・ベヴァーストックは、真値を知らないにもかかわらず、原子力機構の値を否定的に、それも、ひどく揶揄する表現をしていますが、実に、程度の低い批判です。

三番目について、脱原発委員の割合を多くすればよいというものではなく、例えば、ＥＣＲＲのように、かえって、推進委員集団のＩＣＲＰより悪い結果になってしまいます。

キース・ベヴァーストックの批判内容は、サイエンスの形式を採っていますが、実に、根拠のない、議論です。「UNSCEAR 2013」は、セシウム１３７の放出量を六〜二〇PBqと評価しており、異常に多いStohl論文を採用していません。東京電力の周辺線量率測定値からの推定値は五PBqです。

Stohl論文では、四号機使用済み燃料貯蔵プールから大量のセシウム１３７が放出されたと記していますが、事故前後の継続的なプールの水位と温度の測定値、さらに、使用済み燃料貯蔵ラックの写真が公開されており、燃料は、溶融していませんでした。Stohl論文は、初期の思い込みで、まとめられており、信頼できません。

浜岡原発の火山立地評価・影響評価

原子力施設の立地評価・影響評価において、火山も対象に入れたのは、三・一一以降ではなく、二〇〇九年からでした。

日本電気協会は、二〇〇九年に、「原子力発電所火山影響評価技術指針」（JEAG4625-2009）を作成しました。これまでに、使用済み燃料中間貯蔵施設の安全評価に採用されました。

ＩＡＥＡは二〇一二年に、IAEA Safety Standards "Volcanic Hazards in Site Evaluation for Nuclear Installations"（No. SSG-21, 2012）を作成しました。

原子力規制委員会は、二〇一三年六月一九日に、「原子力発電所の火山影響評価ガイド」（二六頁）を作成しました。内容に独自性はなく、上記ふたつの文献を参考にしただけの内容です。そのガイドには、途中に、解説項目が、二九項目は入っています。

火山影響評価は「立地評価」と「影響評価」の二段階で行います。

評価対象火山の選択は、歴史上、最大到達距離を記録した阿蘇山噴火にともなう火砕流到達距離の一六〇㎞です。

ガイドには考え方や具体例が分かりやすく記されています。結論からすれば、降下火砕物（分かりやすく言えば火山灰）の影響が一番大きく、直接的影響では、「外気取入口からの火山灰の侵入により、換気空調系統のフィルター目詰まり、加えて、非常用ディーゼル発電機機関の損傷等による系統・機器の機能喪失がなく、加えて中央制御室における居住環境を維持すること」（二五頁）、間接的影響では、「原子力発電所外での影響（長期間の外部電源の喪失及び交通の途絶）を考慮し、燃料油の備蓄又は外部からの支援等により、原子炉及び使用済燃料プールの安全性を損なわないように対応が取れること」（二五頁）です。

私は、二〇一四年三月から、静岡県防災・原子力学術会議原子力分科会委員（本会議の他、経済性評価分科会、地震火山分科会、津波分科会）になりました。

それらの会合で配布された中部電力作成資料「浜岡原子力発電所四号炉新規制基準適合性に係る申請概要について（火山影響評価）」に拠れば、浜岡原発の「立地評価」「影響評価」は、つぎのとおりです。

浜岡原発の半径一六〇km圏内には考慮すべき第四紀火山が三六あります。将来の活動が否定できないのはそのうちの一二（上記資料三頁）です。

三六のうち、誰でも知っているのは、天城山、富士山、箱根山、伊豆大島、三宅島、御嶽山、北八ヶ岳の七つでしょう。

将来の活動が否定できない一二（上記資料五頁）とは、

・伊豆東部火山群
・富士山
・神津島火山群

- 箱根火山群
- 利島
- 新島火山群
- 伊豆大島
- 大室海穴
- 三宅島
- 御嶽山
- 御蔵山
- 南・北八ヶ岳

です。

そのうち、設計対応不可能な火山事象は、ありません（上記資料六頁）です。

一二のうち、富士山に対しては、「溶岩流の噴出で特徴的な八六四年貞観噴火と火砕流の噴火で特徴的な一七〇七年宝永噴火がステージ４（約三二〇〇年前）以降最大規模とされている」「（火砕物密度流に対し）到達可能性のある距離は一〇kmまでと考えられる」「（火山性土石流に対し）敷地に到達する可能性はないと考えられる」「（降下火砕物に対し）層厚が一〇cm以上となる可能性のある範囲は東方約一〇〇km、西方約三〇kmまでと考えられる」（上記資料七頁）と記されています。

つまり、浜岡原発は、富士山から、九七km南西に位置しているため、降下火砕物は、一〇cm以上も積もらないと結論しています。

私の考察に拠れば、中部電力の結論は、一七〇七年宝永噴火の条件を基準にしており、その時の気象条件により、降下火砕物拡散には、風向きによる大きな方向性があり（上記資料一四頁）、東方約一〇〇㎞というのは、特殊条件下できごとで、一般論ではありません。

中部電力は、降下火砕物の厚さを最大で約五㎝と評価していますが、安全側の評価として、一〇㎝としています（上記資料一九頁）。

降下火砕物は、「粒径一㎜以下を主体」とし、「密度は、〇・九〜一・五ｇ／㎤」（上記資料二〇頁）としています。

私の考察に拠れば、火山評価は、地震や津波と同様、過去最大級の事象を参考にし、そのくらいを対策の目安にしていて、もし、三・一一の時のＭ9.0のように、それ以上の事象が起これば、お手上げになります。

富士山噴火による浜岡原発の安全性への懸念

二〇一四年三月から、静岡県防災・原子力学術会議原子力分科会の委員になっていて、新規制基準で、自然災害（地震、津波、火山噴火）への対応が強化され、議論されてきました。

私は御嶽山（三〇六七ｍ）に登ったことはありません。登ったのは、北アルプス、八ヶ岳、南アルプスの山々で、御嶽山は、それらとちょっと離れた孤島のように感じる特別な山でした。ですから、いつか、登ろうと思いつつ、なかなか実現できない山でした。

御嶽山の噴火は、普通の溶岩噴出の噴火ではなく、水蒸気爆発です。最近、私が二回登った磐梯山も大規模な水蒸気爆発でした。爆発により、川がせき止められ、檜原湖など、大小三四〇の湖・沼・池ができ、村落が沈み、多くの人命が失われました。

災害は、いつも、最悪の条件で発生しています。①御嶽山爆発のあった九月二七日は、土曜日で、登山者が多い日でした。②ちょうど紅葉シーズンでした。③爆発時刻が、正午前で、ちょうど、多くの登山者が、頂上に集まり、昼食をとっていた時間でした（山の気象条件は、午後から荒れるため、登山者は、早めに登り、早めに昼食を済ませ、早めに下山開始することを心がけています）。登山者は、リラックスし、ゆっくり、おにぎりを食べていたのでしょう。一番逃げにくい条件でした。

最大の問題は事前に対策が立てられなかったのか否かです。

御嶽山は、一九七九年に、水蒸気噴火を起こしており、噴煙が一〇〇〇ｍまで上がりました。それだけでなく、一九九一年と二〇〇七年にも、火口付近で、小さな噴火が起こっていました。ですから、浅間山と同様、火口付近の九合目より上は、立ち入り制限していても、おかしくない条件でした。結果論ですが、行政側と専門家の判断ミスではないかと思っています。自然を読み解き、安全側に判断することがいかに難しいか、痛感しました。

原発の新規制基準では、半径一六〇㎞圏内の活火山などが評価対象になっており、浜岡原発の場合、一五三㎞離れた御嶽山は、対象になります。浜岡原発の場合、三六の山が評価対象になりますが、一番クリチカルなのは、富士山噴火の影響です。

二〇一四年九月一一日、静岡県庁で、静岡県防災・原子力学術会議地震・火山分科会と原子力分科会の合同会合が開催され、出席しました。

その時の中部電力の配布資料（静岡県庁ホームページの静岡県防災・原子力学術会議会合開催の中の項目で閲覧可能）に拠れば、歴史的に最大規模のものは、溶岩流出では八六四年の貞観噴火、火砕物噴火では一七〇七年の宝永噴火でした。火砕流は一〇km圏内にとどまり、火砕物（火山灰など降下物）の厚さが一〇cm以上になるのは、東方一〇〇km、西方三〇kmと評価されています。

浜岡原発と富士山の直線距離は南西九七kmですから、最悪の場合、火山灰などが厚さ一〇cm以上の積もることを想定しておかなければなりません。その時に、野外の電気系統（送電線や変電所での短絡による停電発生）への影響、建屋換気への影響（吸気口フィルターが詰まって機能喪失）が評価項目となります。ふたつの項目の評価は、大変、微妙です。

火山灰が原発に与える影響

浜岡原発の火山評価では、富士山が一七〇七年に噴火した宝永噴火の火山灰の影響を基に、主に、東側の広域（三浦半島や東京都）の実績から、たとえ、風向が最悪で、浜岡原発側に向いても、三浦半島や東京都などと同様、降下灰厚さは、一〇cmくらいと、評価しています。

自然現象の評価は、難しく、過去最大の宝永噴火が最大であることを証明することはできず、大幅に超えたら、具体的には、富士山の上半分が吹き飛ぶような噴火が発生すれば、お手上げになるでしょう。

ところで、降下灰が多く積もったならば、具体的には、送電線や変電所に厚く積もったならば、絶縁物の碍子を汚し、放電の原因になり、その結果、各変電所が遮断され、商用電源が喪失するかもしれません。所内変電所も機能喪失するかもしれません。

それどころか、非常用ディーゼル発電機やバックアップに特別に設けられたガスタービン発電機建屋の換気が、降下灰により、フィルターの目詰まりにより、機能せず、室温上昇から、発電機が起動できないということも起こり得るかもしれません。

以上の影響のさまざまな疑問は、推定であって、確実な実験結果がないため、確定的なことは、何も言えないのが現状です。

東南海トラフ地震の現実性

二〇〇九年八月一一日に、駿河湾地震が発生し、浜岡原発のある御前崎市の震度は、六弱でした。私の自宅での三・一一の時の震度は、六でしたが、揺れが大きく、道路が波打ち、塀が大きく振れ、電柱が大きく振れ、住宅街全体が崩れ落ちるような大変な光景でした。

その経験からすると、御前崎市の人々の驚きがよく理解できます。おそらく、彼らは、瞬間的に、東南海トラフ地震だと直感したと思います。仰天するような驚きだったでしょう。

三・一一以降、地震や津波の想定が格段に厳しくなり、東南海トラフ地震は、東海地震＋東南海地震＋南海地震として、M9.0とし、対策が進められていますが、御前崎市では、震度七と推定されています。

静岡県庁危機管理部は、推定困難な交通機関の被害を除外した評価で、死者が阪神大震災と同程度の六〇〇〇名と推定しています。発生時刻により、新幹線や在来線、東名高速道路などの物的人的被害が大幅に異なるため、なかなか、推定しにくいのでしょう。阪神大震災は、新幹線や在来線の始発前であり、阪神高速道路もまだ混む時間ではなかったため、人的被害は、少なかったのです。

東南海トラフ地震が昼間起これば、すべての死者は、少なくとも、倍の一万二〇〇〇くらいに達するでしょう。静岡県民、特に、御前崎市の人々は、生きた心地がしないでしょう。逃げるわけにもいかず、ただ、神に、「あと数十年先に」と、祈るしかないのでしょう。

原発新規制基準の欠陥

御嶽山噴火は、自然災害ですが、自然災害の割に、相対的に、死傷者（死者四七名、まだ不明者あり）が少なかったため、日本の保険会社各社は、相互に話し合い、保険を適用しました。企業のやり方としては珍しいケースです。

しかし、御嶽山噴火が、自然災害かどうかについては、意見が分かれるでしょう。と言うのは、二〇〇九年に、噴火しており、行政側は、火山研究者の意見を聞き、しかるべき措置（たとえば、九合目から先は立入禁止）を施す必要があったのではないかと思えるからです。そうであれば、自然災害というよりも、むしろ、人為災害となります。

二〇一一年三月一一日に発生した東北地方太平洋沖地震（M9.0）では、東北地方の太平洋沿岸地域が壊滅的被害（死者約一万五〇〇〇名）を受けました。保険会社は、自然災害として、保険を適用しませんでした。

自然災害という判断は、自明なことのように受け入れられていますが、大きな地震や津波が、歴史的に見ても、くり返されていることが明白な環境下では、政府や地方自治体が、地震や津波に強い都市計画を立ててしかるべきであり、それを怠ったということは、人為災害になるのではないかとも考えられます。

しかし、政府は、物的人的被害が大きいため、保険会社を救済すべく、問題がどこにあるか分かっていながら、自然災害とせざるを得なかったのでしょう。

東京電力福島第一原発の事故については、明確に、自然災害とか人為災害と分類できないように思えます。この場合、政府は、保険会社を救済すべく、自然災害とせず、人為災害としたのでしょう。そして、政府は、政府（税金による融資）と東京電力が被害額を負担する方針を立てました。

もし、自然災害としたならば、東京電力を免罪し、被害額は、全額、政府が負担（すなわち、税金による国民負担）となり、国民の負担が大きすぎ、結果として、国民からの不満の声が大きくなり、政権維持が困難になります。

福島第一原発事故の社会的後遺症（土地汚染、海洋汚染、大気汚染、晩発性被曝影響、福島県民の事故前生活条件の回復、廃炉、放射性廃棄物の措置など）は、この先、半世紀どころか、一世紀以上も続きます。

三・一一で明らかになったことはこれまでの工学的方法論の部分的破綻でした。これまでは、大きく言えば、歴史的に発生した事象を参考に、念のために、いくぶんかの余裕度を設け、設計してきました。もし、歴史的事象を大幅に超えれば、お手上げになります。三・一一のM9.0はそのことを意味しています。

しかし、三・一一以降、工学的方法論は、三・一一以前のままです。再稼働のための原発新規制基準（地震、津波、火山、テロ対策、航空機墜落、第二制御室、重要対策所、独立多重電源、冷却水確保のための貯水池、フィルターベント、など）は、三・一一以前の工学的方法論を基に、作成されました。

ここで問題になるのは、常に、自然現象を保守的（安全側）に評価することができるのかということです。これまで発生した歴史的事象を見れば、保守的に評価することが不可能なことが分かります。大飯原発運転差止訴訟に対する大阪地裁の判決の原告勝訴は自然現象の保守的評価の困難性を物語っています。歴史的事象を見れば、活断層やプレートの存在していない区域でも、大きな地震が発生しています。

原発新規制基準の欠陥は、工学的対策というハード面の対策のみで、人材や組織や危機管理能力と言ったソフト面の対策が判定基準に入っていないことです。

国民の目からすれば、原発の運転管理は、通常時・事故時対応の高度な専門的知識を持った技術系社員によってなされていると受け止められていることでしょう。しかし、実際はそうではなく、具体的に、福島第一原発事故の東京電力担当者の操作や対応を読み解くと、通常時はともかく、事故時には、まったく対応できておらず、緊急冷却装置の作動など、基礎的な動特性（原子炉圧力や原子炉冷却水温度の時間変化など）すら理解できていないことが分かります。

私は、一年半前、福島第二原発を訪問した際、約二〇名の技術幹部を前に、運転員の一号機非常用復水器の作動条件の解釈の不適切さ、事故解析者の三号機高圧注入系の作動条件の解釈の不適切さについて、問題提起しました。

東京電力は、世界的には、人材・経営能力・技術能力・規模など、優良企業であり、それにもかかわらず、苛酷炉心損傷事故に対応できないということは、日本の他の電力会社はそれ以下であり、それどころか、世界の電力会社の大部分は、さらに、それ以下となり、世界の原発は、素人同然の人たちにより運転管理されていることになります。

一号機の冷温停止は、不可能でしたが、二号機と三号機の低温停止は、可能性がありました。東京電力は操作手順を間違えました。ソフト面の問題を克服できなければ、再稼働は、認可すべきではありません。

原子炉等規制法で定めた「原発運転期間四〇年」を厳守すれば、一〇年後の二〇二五年には、原発数は、半減し、二七基になります。今後、その他の原発を具体的にどうするのかということが選択肢になります。

東海第二原発新規制基準対応住民説明会の感想

二〇一四年一一月二九日（木）一八時三〇分～二〇時、水戸市大町にある藝文センタービル７Ｆホール（水戸警察署となり）にて、日本原電主催の東海第二原発新規制基準対応住民説明会（立地自治体の東海村初め避難対象の周辺自治体で各々数回開催）が開催され、参加しました。

配布資料

- 新規制基準実施済み（実施中）内容の数頁のパンフレット
- アンケート用紙

概要

- 司会者によるルール説明と原電側担当者紹介（一〇分）
- 東海発電所長あいさつ（五分）
- 原電担当者による新規制基準対応内容説明（三〇分）
- 休憩（五分）

・質疑応答（質問・意見六名、そのうち、推進男性二名、疑問男性二名女性一名、共産党女性県議一名）

質問・意見内容

・再稼働するのか
・避難体制はどうなっているのか
・被曝晩発性リスクはどのくらいか
・プールにある使用済み燃料数と乾式貯蔵の推進
・国の経済のために再稼働推進（ルール違反のヤジあり）
・寿命延長含め稼働継続推進（ルール違反のヤジあり）

感想は、以下、

・全体的にやらないよりやった方が良い程度の低水準
・説明時間が短くて説明不足で、できれば一時間かけるように（特に、パワーポイントの作製・表示と説明が良くない）
・説明のポイントとシステム信頼性が分からないようなあいまいな説明（確率論的リスク評価手法で算出した地震・津波・自然現象に起因する年間平均の炉心損傷発生確率値を含めるようにすべき）
・説明も質問も下手で要領を得ない（質問者は数行のメモを作成しておき簡潔に要点を話すべき）

- 質問者は毎日の新聞さえ読んでいないような知識と理解力
- 党派性を持ち込まないためにも共産党県議は質問・意見を遠慮すべき（特に、議員活動の一部を自己主張したのは良くない）
- 質問時間が短くごく一部の意見しか反映されず、できれば一時間かけるように
- その程度の実施内容で、すでに実施した東海村と那珂町で、参加者から不満・異議が出なかったのか不思議でならない
- 福島第一原発事故による福島県などの惨状を見てもなお安易な推進表明する不思議人間の存在への違和感
- 説明会は双方の言い訳のための逃げ道づくり

などです。

石橋克彦の工学解釈の未熟さ

石橋克彦「科学を踏みにじった政府の柏崎刈羽原発『耐震偽装』」（『科学』二〇〇九年四月号、四六三～四六八頁）では、観測できないが存在の可能性のあると推定している東縁断層について、さらに、柏崎刈羽原発七号機再循環ポンプケーシングの軸圧縮応力について、安全確保の観点から、問題提起しています。

しかし、東縁断層の存在の有無については国の委員会で考慮の必要がないと結論されています。柏崎刈羽原発の基準地震動は、新潟県中越沖地震を踏まえ、一〜五号機に対して二〇〇〇gal、六〜七号機に対して一二〇九galと定められました。

石橋さんは、七号機の再循環ポンプケーシングの軸圧縮応力一九五MPaについて、その許容値が二〇七MPaであることを根拠に、わずかな余裕（六%）しかないと主張しています。石橋さんは、許容値に対して、「安全がギリギリ維持できる応力値」と注釈を入れています。

しかし、工学的常識として、金属は、弾性限界内で利用し、工学設計値にある余裕度を設けて許容値を決めています。許容値を超えれば、すぐに安全を損ねるような破壊が生じるかと言えば、そうではなく、さらに許容値を超える大きな応力が加わって、塑性変形領域に入っても、構造物は、変形しますが、破壊するわけではありません。金属には強い粘り気があります。安全を損ねる破壊が生じるのは許容値の数倍以上の応力がかからなければなりません。

中越沖地震の時に議論されましたが、もし、機器・配管などに、塑性変形が生じたならば、どのような考え方で、受け入れるか、受け入れないか、問題になりました。幸い、柏崎刈羽原発では、塑性変形は、生じませんでした。

しかし、工学では、塑性変形を容認しています。私が、鹿島建設執行役員に聞き取り調査をした結果では、例えば、高層ビルが震災し、設計値よりも、許容値よりも、大幅に超える地震動を受け、塑性変形した場合、構造物のひずみ量は、弾性限界のひずみ量の三倍と言っていました。大きく塑性変形領域に入っています。

石橋さんの主張は、工学を非常に形式的に解釈し、数値合わせに終始している結果ではないかと思います。

中部電力部長への問題提起のメール

静岡県防災・原子力学術会議原子力分科会委員になったのを契機に、原子力施設を有する地方自治体の原子力安全検討委員会ないしそれに相当する委員会のこれまでの議事録を熟読吟味してみました。もちろん、静岡県防災・原子力学術会議のこれまでの三〇回の会合の議事録も熟読吟味しました。

静岡県防災・原子力学術会議（各分科会も含む）のこれまでの検討内容は、学術的であり、肯定的に位置づけることができます。

最近、意識的に、世界の地震・津波・火山について、調査してみました。東南海トラフ地震の発生間隔と社会的影響についても、調査してみました。

中部電力の浜岡原発建設の経緯についても、調査してみました。浜岡サイトについては、設置検討時から、古文書などから、定期的に、大地震が発生しているとの認識は、読み取れます。

中部電力の火力発電所や原発の建設サイトは、冷却水の関係や大都市部を避ける方針からして、三重県と静岡県しかなく、当時の日本のエネルギー政策と原子力政策の中で、他の電力会社と足並みをそろえるため、たとえ、地震や津波の影響を強く受けることは、認識していても、選択肢は、限られていました。苦渋の選択であったと推察されます。

三・一一以降、工学の考え方に、変更が求められました。しかし、中部電力は、三・一一以前の考え方で進めているように思え、やや、違和感を覚えています。

三・一一以前の考え方では、歴史的に発生した事象に対し、実際の工学的設計では、何割かの安全余裕度を考慮しておけばよく、それで保守的な評価ができると考えてきました。しかし、三・一一のように、日本史上初の事象が起これば、なす術は、もはや、何もありません。

世界を見渡し、自然事象を保守的に評価することがいかに困難なことか、人類は、常に、手痛い、洗礼を受け、それを克服するための知恵を身に着けましたが、なお、原子力技術に対しては、不十分です。現代とはそのような時代です。

私は、中部電力の皆様が、福島第一原発事故に対する東京電力の報告書「福島第一原子力発電所 東北地方太平洋沖地震に伴う原子炉施設への影響について」（東京電力編、二〇一一・九（改訂版二〇一二・五））や事故調査報告書「福島原子力事故調査報告書」（東京電力編、二〇一二・六）を何度も読み返し、問題点を抽出し、検討し、自身の血や肉にしたか、疑問視しています。失礼ながら、静岡県防災・原子力学術会議でのお話から、そのように感じました。

私は、それらの個々の文献を数十回ほど読み、三〇〇回のインタビューに答え、学会口頭発表一回、六〇編の小論をまとめ、二〇冊の著書（そのうちの数冊は学術書）をまとめました。

そのような私から見れば、中部電力の皆様の福島第一原発事故に対する認識は、とても、受け入れがたいほど、初歩的なように受け止めています。プロは甘さを見せてはいけません。事故をとおし、指揮命令系統や操作手順に電力会社共通の多くの問題点が浮上しており、それらに対する改善がなされていないまま、四号機の新規制基準対応がなされているように見受けられます。

東京電力の事故対応で分かることは、通常時においては、対応できていますが、深刻な事故時には、特に、全交流電源喪失事故から苛酷炉心損傷事故過程における対応は、まったくできていません。

運転員とエンジニアは事故時に作動する安全系の動特性を理解しておりませんでした。たとえば、一号機の非常用復水器は、正常作動でも、原子炉圧力は、一〇気圧くらいまで下がります。そのように配管直径やシステムが設計されています。しかし、オペレータは、原子炉圧力が四五気圧まで下がった時、「配管破断かもしれないから、一旦停止し、様子を見る」と証言しました。動特性を理解していない証拠です。三号機の高圧注入系作動においても、事故一カ月後の解析において、本店のエンジニアが、「原子炉圧力が一〇気圧まで下がったことから、配管破断の可能性がある」と記者会見しました。その一カ月後、事故時に、関係者が高圧注入系室に入った事実があることから、「高温高圧蒸気の噴出はなく、正常な作動であった」と前言を修正する記者会見を行いました。エンジニアも動特性を理解していませんでした。

私は、上記二例について、福島第二原発を訪れた際、所長以下二〇名の部長・課長・エンジニアの前で、問題提起しました。

それらは、東京電力特有の問題ではなく、すべての電力会社に共通する問題です。すべての懸案事項（地震、津波、火山、指揮命令系統、従事者の信頼性、教育訓練、など）を確実に保守的に評価することが可能なのか、考察中です。

以上のような視点から、率直なディスカッションをしてみたいと考えています。中部電力を代表する数十名の関係者との討論を希望しています。

福島第一原発事故で浮上した問題点は、

- 指揮命令系統と責任関係（政府、事業者内、原発内）
- 従事者の知識と経験と事故対応能力
- 苛酷事故模擬教育訓練（シミュレーターと現場）
- 原発全体の避難訓練
- 地方自治体ぐるみ避難訓練

などです。

中部電力では、上記事項について、どのような対策を実施しているのでしょうか？

浜岡原発では、定期的に通報訓練をしていますが、通報と集合だけでなく、現実的な苛酷事故を模擬した通報と集合と事故対応の訓練をしておく必要があるように思えますが、いかがでしょうか？

福島第一原発では、ベント系と淡水注入系／海水注入系を設置して、マニュアルを作成しただけで、現場で、実際に、作動させて、経験とノウハウを蓄積することをせず、ぶっつけ本番で苛酷事故対応し、冷温停止に失敗しました。同様なことがくり返されてはならないと思います。

福島第一原発事故の総検討を実施していますが、これまで、東京電力に対し、「緊急時マニュアル」がどうなっているのか、記載内容の閲覧を申し出ましたが、実現していません。

運転員は、常に、現場経験やシミュレータでの訓練をとおし、動特性などの把握をしているはずですが、さらに、緊急時に、マニュアルを広げ、一瞬で全体が把握できるように、操作のフローチャートや安全系の動特性図が記載されていなければなりませんが、実際には、そのようになっていないようです。実際には使えない「緊急時マニュアル」のように思えます。

予防原則の適用

初めに論理があって、日々のメール（私の場合には著書の粗稿）を書いているわけではなく、できあがった一五〇編くらいの粗稿をテーマごとに分類し、全体を論理化して、不足している原稿を追加し、核心となる部分の考察をし、最後にお化粧（文章の詳細表現まで練り上げ）もして、著書として完成させています。「原子力ムラ」シリーズの「行状記」と「惨状記」は、そのようにしてできあがりました。

茨城新聞社客員論説委員として、東海第二の予防原則に基づく廃炉を提言しました（『茨城新聞』二〇一四・三・九付）。

静岡県防災・原子力学術会議原子力分科会で、浜岡原発に対して、現実的な提言もしています（静岡県庁ホームページ関係項目参照）。

東海第二原発と浜岡原発の事例分析をとおして、ＳＴＳ（Science, Technology and Society）視点から、予防原則について考察してみます。

予防原則とは、平たく言えば、社会的リスクの大きな社会問題に対して、たとえ、因果関係が明確に解明されていなくても、社会が安全側の選択をするため、そのような規制措置を実現できる「社会制度」や「考え方」を意味しています。

予防原則は、むやみに濫用すべきではなく、どうしても回避したい大きな社会リスクの発生する可能性が無視できない場合に適用すべき、最後の手段なのでしょう。

まず、最初に、具体的に、ふたつの事例には、予防原則を適用すべきどのような必然性が存在するのか、明らかにしておかねばなりません。

東海第二原発の場合

- 半径三〇㎞圏内の人口が九八万人に達しており、世界一位の人口密度で、苛酷炉心損傷事故時の社会リスクが受け入れがたいほど大きくなること（なお、水戸市郊外の自宅から北東に約二五㎞）
- 文部科学省地震研究推進本部が発表したＭ9.0の地震の発生確率が、今後三〇年間に六〇％にも達しており、基準地震動が九〇一galで津波高が二〇ｍとなっていること

・臨界試験から三六・五年経過しており、原子炉等規制法で定めた寿命四〇年厳守に、わずかしかなく、新基準適合審査期間を考慮すると、たとえ、再稼働に成功しても、わずか、二年だけしか運転できなく、事業者にも、地方自治体にも、国にも、費用対効果比が期待できないこと

などです。

第一項目は、致命的で、本来、建設してはならない場所に（隣接して原研など研究施設があり、なおかつ、周辺市町村には、日本の代表的な重電機メーカーの工場が数多くあり、日本の産業生産高を左右するほどの影響力を有する）、誤って、建設してしまったのです。高度経済成長期に、とにかく、原発を建設することが、時代の流れであると解釈し、立地条件を二の次にした結果で、選択の間違いの後遺障が表面化しているのです。

浜岡原発の場合

・半径三〇km圏内の人口が八五・八万人に達しており、東海第二原発に次ぎ、世界二位の人口密度であること
・政府の防災会議が評価したM9.0の東南海トラフ地震の発生確率が、今後三〇年間に九七％にも達しており、いつ、大地震が発生しても、おかしくない状況にあり、基準地震動が一二〇〇gal（地下地質構造に起因する共振を考慮する機器・配管などに対しては二〇〇〇gal）で津波高

が二四ｍとなっていること

- 静岡県には、東日本と西日本を結ぶ交通機関（鉄道では、東海道新幹線や東海道本線など、高速道路では、東名高速道路や新東名高速道路など）が集中していること
- 日本を代表する自動車会社数社（その他の産業も）の工場が集中していること

などです。

中部電力は、他の電力会社と足並みをそろえ、一九六〇年半ばに、建設計画を立て、三重県や静岡県を候補とし、一九六七年に、浜岡町長と話し合っていました。

そして、一九七〇年六〜一一月にかけて、原子力委員会原子炉安全審査会（内田秀雄会長、東京大学教授、熱機関専攻）で、わずか五カ月間で、安全審査に合格しました。

原発安全審査の初期の頃は、敦賀原発一号機、美浜原発一号機、福島第一原発一号機など、半年以内の審査期間で認可されています。

審査委員は、すべて、兼務で、東京大学と原研の研究者で六割を占め、一カ月一度の二時間程度の会合で、議事録に拠れば、内田会長は、三回目会合で、すでに、認可の方針を出していました。おそらく、「米国での審査で合格している技術であるため、安全性は保証されていて、日本で審査しなおす必要はない」という判断だったのでしょう。めくら版の時代でした。社会がうるさくなった一九七〇年半ば頃から一年間となり、一九七八年頃から二年間となりました。

中部電力は、最初から、浜岡の立地条件を把握していて、震度六（二五〇〇年に一度）や震度七（四〇〇〇年に一度）クラスの地震を想定していました。当時は、まだ、プレートテクトニクス理論

（一九六八年発表）は、社会に定着していなかったものの、古文書や地質調査から、くり返し、大地震が発生していることは、分かっていました。

中部電力は、政府の方針、それから、他の電力会社の方針などに、足並みをそろえ、原子力時代に乗るため、原発建設を急ぎました。

中部電力の管轄内で、海岸線に接していて、建設可能な立地県は、三重県と静岡県だけしかなく、どちらも、歴史的に、東海地震＋東南海地震＋南海地震（三・一一以降の名称では東南海トラフ地震）をくり返しており、原発の建設には適地ではありませんでした。

時代の波に乗るため、とにかく建設してしまったのです。中部電力は建設場所を間違えました。建設してはならない場所に建設してしまいました。高度経済成長期の選択の誤りが、いま、後遺症として表面化しています。

中部電力は、三重県と愛知県に、大型火力発電所を保有しており、電力供給に影響ありません。将来の電力需要を考慮し、米国で実施されているように、浜岡原発の既存施設を改造し、ＬＮＧ火力発電所に衣替えすればよいでしょう。

浜岡原発のいまの東南海トラフ地震対応は大きな賭けになります。大きな社会リスクを回避する理想的な手段は、予防原則です。

「もんじゅ」の新規制基準対応の不確実性

「もんじゅ」は、軽水炉ではありませんが、新規制基準の関係項目（地震、津波、火山、火災、電源、航空機墜落、テロ対策）につては、遵守しなければなりません。

航空機墜落については、第二制御室設置など、五年間の猶予期間がありますから、まだ、検討時間が残されています。

一番大きな課題は耐震対策（三・一一以前は六〇〇gal）でしょう。

液体ナトリウムループが長く、配管肉厚が薄く、温度変化で伸び縮みが大きいために、通常時に、固定できず、軽水炉のように、地震時だけ、揺れを検出して、配管を要所要所でメカニカルにロックするようになっているか否か、確認していませんが、たとえ、ロックしても、破断・亀裂による大量の液体ナトリウム漏れ発生は、覚悟しておかなければならないと思います。

結局、今後のメリット・デメリットをはかりにかけた場合、廃炉した方が確実なように思えます。

原子力界の崩壊の根拠

著書『日本「原子力ムラ」惨状記――福島第1原発の真実』（論創社、二〇一四）では、元原研安全性試験研究センターの田辺文也さん（主任研究員）について、岩波書店から刊行された著書と月刊『世界』掲載論文を基に、原子炉核熱流動現象についての解釈が致命的なほど間違っていると（彼は福島第一原発二号機炉心の水素発生量はゼロと解釈している）、告発しました。

苛酷炉心損傷事故計算コードＭＡＡＰ（Modular Accident Analysis Program）、ＭＥＬＣＯＲ（Methods for Estimation Leakages and Consequences of Releases）、ＳＡＭＰＳＯＮ（Severe Accident analysis code with Mechanistic, Parallelized Simulations Oriented towards Nuclear field）の二号機の水素発生量は、よく合っていて、約七〇〇ｔです。田辺氏の計算ではゼロです。

世の中のエンジニアリングを理解していないような人達（例えば、田中三彦さん）の運動論レベルの事故解釈ならともかく、元原研研究員の解釈となれば、的確であって当たり前で、もし、間違っていれば、首をくくらなければならないような責任問題になります。

田辺程度のチンピラではなく、原子力界において、スポークスマン的人物の石川廸夫さんのような大口をたたいてきた人物が、著書や論文で、もし、間違ったことを主張したならば、取り返しのつかないくらいの責任を負わなければなりません。私の調査・考察に拠れば、石川さんの著書の主張「石川仮説」は、成立しません。

単なる一研究者の著書での問題提起では収まりません。石川さんがたどった原研、北海道大学どころが、原子力界の完全崩壊につながります。石川さんと原子力界には、そのような認識があるのか、問います。

朝日新聞社は、福島第一原発事故で、田辺さんの存在と知識を重要視し、何度も、コメントを求め、掲載しましたが、やはり、致命的判断ミスを犯しており、責任問題です。朝日新聞社幹部はそのことを認識できているのでしょうか？　朝日新聞社幹部は、あまりにも無知で、無責任です。

水素爆発の着火源は何？

石川廸夫さんは、水素爆発の着火源は、原子炉建屋最上階の床に設置されている遮蔽プラグの水素圧による浮き上がり・落下による火花の発生としています。

水素の漏洩経路は、原子炉格納容器に数十設置されている電気ペネトレーション（ケーブル貫通孔）、パーソナル・エアロックのシール部、原子炉格納容器蓋のシール部です。原子炉建屋の各階に漏れた水素は、階段部を通って上昇し、最上階五階に集まります。

最上階のオペレーションフロアの中央部には、直径数m、厚さ二m、重さ十数tの遮蔽プラグが設置されています。原子炉格納容器蓋シール部から漏れた水素は、遮蔽プラグ下の空間に溜まりますが、気密性がよくないため、徐々に漏れ、遮蔽プラグを浮かせるほど圧力が高くなりません。着火源は水素圧による遮蔽プラグ浮き上がり・落下による火花発生ではありません。

私は、政府事故調が推定しているように、物品・装置など金属表面の空気の流れにともなう自然帯電・放電だと思っています。水素爆発の着火源は、人間の目に見える大きさのマッチやライターの火のようなものでなくても、目に見えない自然放電のようなものでも十分です。石川さんの主張には、受け入れがたいほど、初歩的ミスがあるように思えます。

「プロメテウスの罠」のノンフィクションを偽装したフィクション

「プロメテウスの罠」は面白い記事です。記者が、あたかもその場にいて、すべてを見聞きし、それを基に、記事を書いているように感じます。しかし、取材した事実関係は、確かに、そうなのかもしれませんが（中には証言者の指摘が明らかに間違っている例もある）、そのような点情報を基に、記者の主観により、ストーリー展開しています。

そのため、読者には、どこまでがノンフィクションで、どこからがフィクションなのか、見分けることができません。週刊誌的手法で編集されている『朝日新聞』だからできることで、学術誌的手法で編集されている『日本経済新聞』ならば、絶対に、しないことです。

「プロメテウスの罠」の宮崎デスク（次長職位）と記者の木村さんには注意しなければなりませ

ん。ふたりとも、きわめて党派性の高い視点を基に、あらかじめ決めていた論理とストーリーに合わせ、事実としての点情報をパッチワーク的にはめ込み、批判対象を陥れることをくり返していました。

木村さんは政府事故調の吉田昌郎さんへの聞き取り調書である「吉田調書」を意図的に曲解しました。真実でないことを記事にしました。六五〇名の社員などが、突然、福島第一原発から福島第二原発に移動できるはずがなく、事前に、大型バスの手配など、準備しておかなければ、実施できないことです。そのような合意と前準備は東京電力事故調査報告書に記されています。もし、吉田さんの判断で、事前合意事項を変更するならば、すぐにできず、手順があり、時間がかかります。

木村さんは、自身の論理に合わせ、「吉田調書」の都合の良い証言部分をパッチワーク的にはめ込み、記事にしました。朝日新聞社は、木村の記事が誤りであることを認め、取り消し、読者に謝罪しました。当然の判断でした。木村さんは、それにより、人事処分され、部付にされ、記者から外されました。

しかし、木村さんのその記事に対し、日本ジャーナリスト協会は、党派性の強い選考委員に基づき、日本ジャーナリスト大賞を授与しました。誰しも耳を疑いたくなるような出来事です。

「石川仮説」の批判的検討——福島第一原発事故の事例研究

1　はじめに

私は、三・一一直後から、ふたつのことを行っています。ひとつは、曹洞宗修行僧として、被災した東北地方太平洋岸市町村の犠牲者に対する巡礼を行っていること、もうひとつは、物理学者・技術評論家として、福島第一原発保有者の東京電力に対する聞き取り調査を行っていることです。

特に、後者に対しては、東京電力の記者会見や公表資料では良く分からない点について、四年間に、正式ルートをとおし、電子メールで、約二〇〇件の事実確認や質問を行いました。厳しいやり取りが続きました。その過程で発生した大きなテーマに対しては、東京本社や福島第二原発において、技術幹部から、数回の聞き取り調査を行い、さらに、福島第一原発（二〇一四年四月一〇日）、福島第二原発（二〇一三年四月八日）、柏崎刈羽原発（二〇一三年四月一六日）での現場調査も行いました。

東京電力編「福島第一原子力発電所　東北地方太平洋沖地震に伴う原子炉施設への影響について」（二〇一一・九）は、数十回、読み直しました。

上記のような四年間にわたる東京電力との厳しいやり取りの過程で、いくつかの公表されていないことが、分かりました。それらは、①福島第一原発・福島第二原発・柏崎刈羽原発の非常用ディーゼル設置場所（拙著『福島第一原発事故を検証する――人災はどのようにしておきたか』日本評論社、二〇一一参照）、②重要部位の配管寸法（拙著『福島原発事故の科学』日本評論社、二〇一二参照）、③非常用復水器（Isolation Condenser：ＩＣ）配管の取り換え時期（拙著『日本「原子力ムラ」惨状記――福島第1原発の真実』論創社、二〇一四参照）、④圧力逃し安全弁（ＳＲＶ）の制御用圧縮空気圧（前文献）、⑤一～三号機使用済み燃料貯蔵ラック材質のカドミステンからカドミアルミ変へ変更（前文献）、⑥苛酷炉心損傷事故対策として、原子炉格納容器ベント系と淡水・海水注入系の設置の際、マニュアル作成と社員研修時におけるレクチャーのみで、現場訓練を一度も行っていなかったこと、⑦技術系社員が安全系作動の動特性（原子炉圧力や重要部位温度などの時間変化）を知らなかったこと、⑧緊急時操作マニュアルが分かりにくいことなどです。特に、⑦と⑧は、深刻であるにもかかわらず、全事業者とも、一向に、改善されていません。それらの問題は、重要なため、つぎの章で、深く考察します。

原発の安全対策は、三・一一後においても、新規制基準（地震、津波、火山、竜巻、火災、航空機、多重冷却系、多重電源系、第二制御室、水素爆発対策、ベントフィルター、テロ対策など）の考え方（自然現象に対する対策では、過去に発生した最大規模のものを参考とし、余裕度を設ける）や内容などから判断し、抜本的な改善策が施されていないことが読み取れます。

2　原子力エンジニアの知識の不確実性

私は、東京電力とのやり取りから、さらに、東京電力編「福島第一原子力発電所 東北地方太平洋沖地震に伴う原子炉施設への影響について」（二〇一一・九）と同改訂版（二〇一二・五）を数十回読み直し、真実が何であるか、徹底的に考察しました。

図1は福島第一原発一号機の非常用復水器システム構成図です。まったく同じものが二系統（Ａ系統とＢ系統）あります。両者は、まったく同じであるため、Ａ系統について、オペレータがどのような間違いを犯したのか解説します。

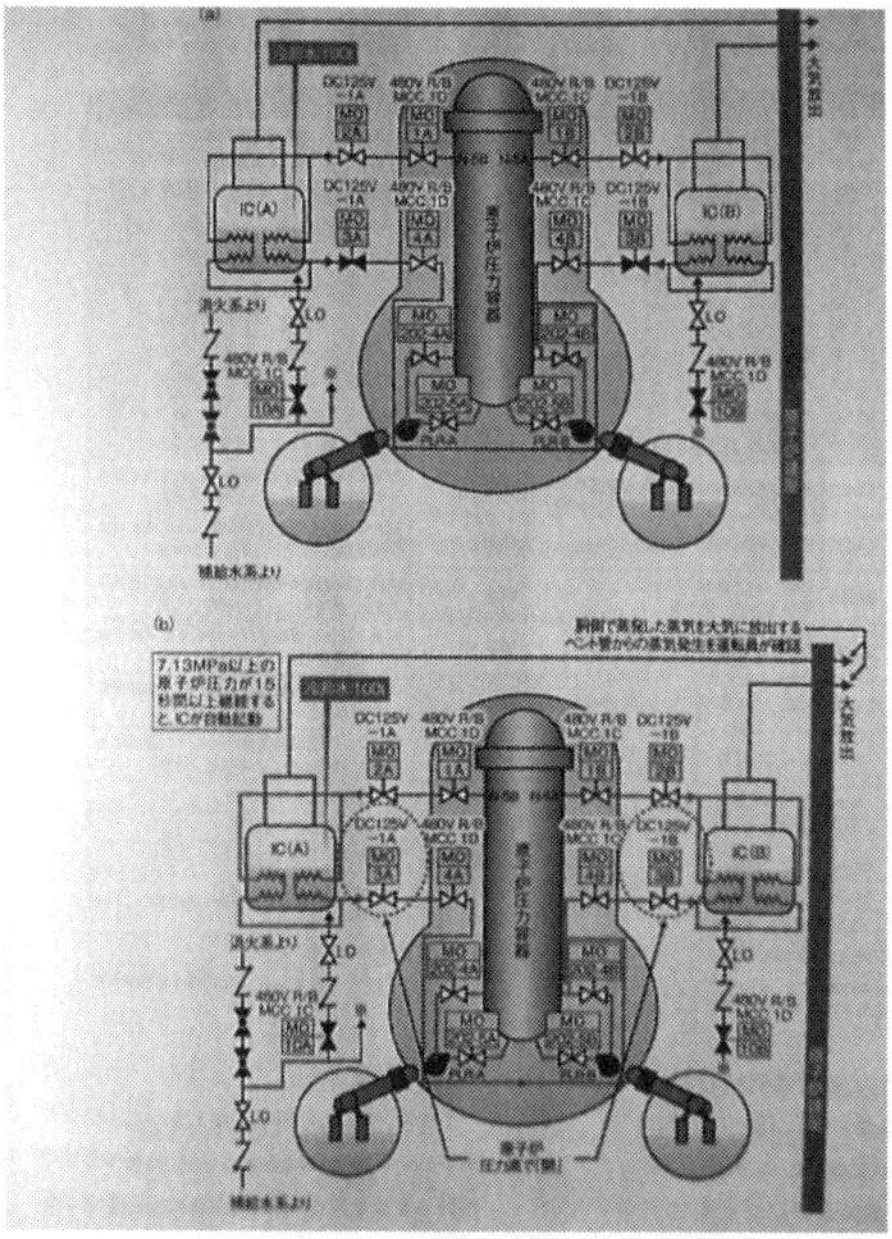

システムは、最初、電動バルブＭＯ１Ａ（開）、ＭＯ２Ａ（開）、ＭＯ３Ａ（閉）、ＭＯ４Ａ（開）となっているが、原子炉圧力が七・一三MPa以上で一五秒以上継続すると、自動起動します。たったひとつのバルブ（ＭＯ３Ａ）が開くだけで作動します。そのため、

図１　一号機非常用復水器の地震前後の状態
（前記文献より引用）

システム構成図から判断し、作動前に正常であったものが、作動後に、配管からの水蒸気や冷却水が、漏れることはありません。

東京電力編「福島第一原子力発電所　東北地方太平洋沖地震に伴う原子炉施設への影響について」(二〇一一・九) に拠れば、自動起動後、原子炉圧力は、七・一三MPaから四・五〇MPaまで、急降下しています。

オペレータは、国会事故調による聞き取り調査において、「地震によって配管破断が生じているためかもしれないので手動停止した」(『国会事故調報告書』徳間書店、二〇一二) との趣旨の証言をしています。大きな地震直後であったため、その解釈と判断は、表面的には、的確なように見えます。しかし、その証言は、オペレータが、非常用復水器の動特性 (原子炉圧力や重要部位温度などの時間変化) を知らなかったことを証明する結果になりました。

私による東京電力への聞き取り調査に拠れば、非常用復水器は、自動圧力制御できません。そのため、オペレータが、圧力記録計を見ながら、最適圧力範囲 (六～七MPa) に、調整することになっていました。オペレータは、四・五MPaまで圧力降下した際、手動停止しましたが、そのままにしても、炉心冷却水が、減圧沸騰することはありません。最初のシステム設計において、減圧沸騰にともなう不具合が生じないように、配管やバルブの口径を定めておいたため、配管破断がなくても、自動起動から数十分後には、約一MPaまで、降下します。

オペレータが、動特性を把握していたならば、地震による配管破断の可能性に起因する圧力降下を心配する必要は、ありませんでした。私による福島第二原発訪問時 (二〇一三年四月八日) の所長ら技術幹部への聞き取り調査においても、「非常用復水器は古いタイプの装置なので知っている者がいない」と証言していました。オペレータが事故時に作動する安全系の動特性を知らないというのは、社会的に、絶対に、許容されないことです。

しかし、問題は、その程度ではありません。東京電力は、事故約二カ月後（二〇一一年五月二四日、http://www.tepco.co.jp/cc/press/betu11_j/images/110524a.pdf）、記者会見を開き、福島第一原発三号機の高圧注入系（High Pressure Coolant Injection System：HPCI）の作動時の原子炉圧力変化（図2）から、地震に拠り、その系統に配管破断が生じていた可能性があることを公表しました。その結果を疑問視していたところ、約半年後（二〇一一年一一月三〇日 http://www.tepco.co.jp/nu/fukushima-np/images/handouts_111130_09-j.pdf）、事故時に、作業者が、高圧注入系のある部屋へ入ったことが分かり（配管破断が生じていたならば、部屋は、高温蒸気で満たされているため、人間が入れない）、そのことを根拠に、配管を否定しました。最初の設計では、高圧注入系の正常な作動でも、配管やバルブの口径を工夫し、原子炉圧力が、

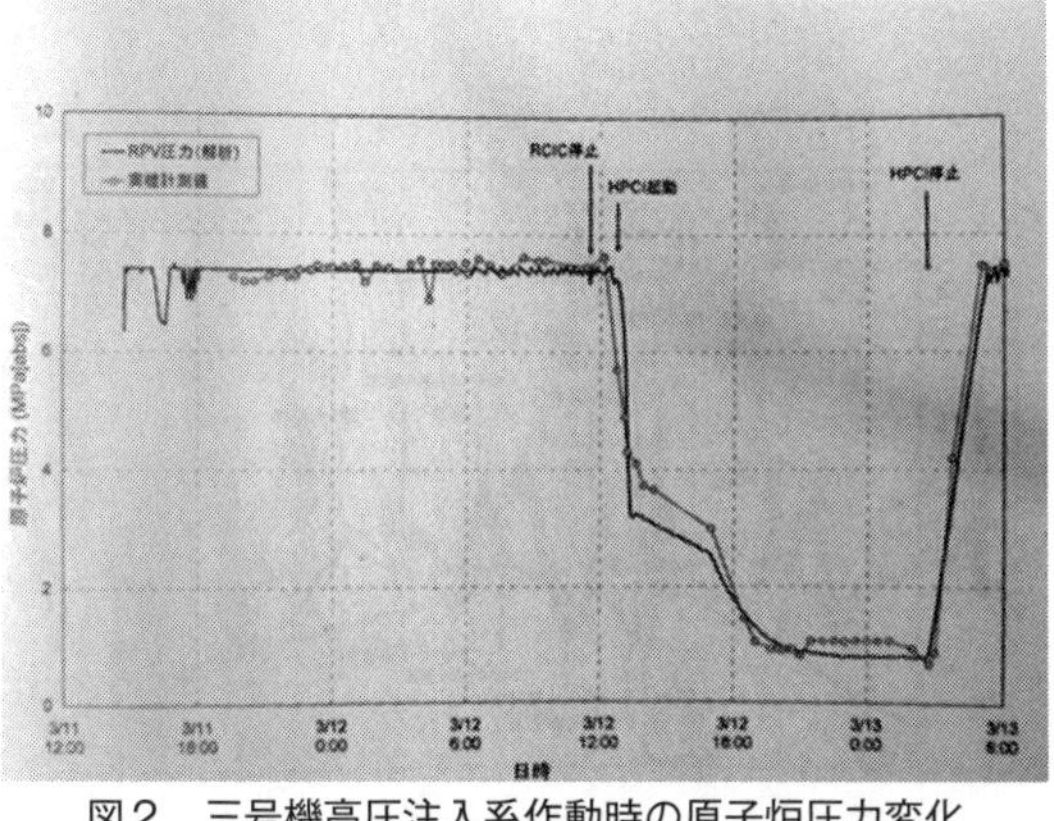

図2　三号機高圧注入系作動時の原子炉圧力変化
（前記文献より引用）

約数十分後に、炉心冷却水の減圧沸騰の生じない、約一MPaまで降下するようになっていました。

調査や記者会見をした東京本社の技術系社員は、事故から約一カ月後、技術資料や職場の仲間とのディスカッションをとおし高圧注入系の動特性を把握できるはずです。その技術系社員は、原発のオペレータか技術管理をしていた経験があったのでしょう。しかし、事故時に作動する重要な安全系である高圧注入系の動特性を知りませんでした。記者会見の混乱はそのことを証言しています。

原発の緊急時マニュアルは、制御室の誰の目にも分かる位置に置かれており、記載内容は、細かい文章で構成され、緊急時に、瞬時に、全体が理解できるような表現法になっていません。私は、そのような文章表現よりも、むしろ、瞬時に、全体が理解できるようなフローチャートや動特性図などを中心にする方が、良いように思えます。私は、福島第二原発訪問時（二〇一三年四月八日）に、所長ら技術幹部へ、そのような提案を行いました。しかし、受け入れていただけませんでした。私は中部電力の技術幹部にも同様な提案を行いました（二〇一五年四月六日）。いまのままでは、緊急時に、役に立ちません。早急に、改善すべきです。

以上、ふたつの事例を示したが、それらは、東京電力だけの問題でなく、すべての事業者に共通する問題であるにもかかわらず、新規制基準対応安全審査においては、再稼働に必要な条件である組織の指揮命令系統や人材について、再検討していません。

図3は、福島第一原発一号機の実測された原子炉圧力（赤丸）と原子炉格納容器圧力（赤三角）、さらに、原子力基盤機構が苛酷炉心損傷事故計算コードＭＥＬＣＯＲで計算したスクラムを起点とした、原子炉圧力（絶対圧）、原子炉格納容器圧力（絶対圧）、安全弁作動にともなう放出水量（安

全弁からの放出水量約一二〇t、逆に言えば、炉内残水量推定約二〇〇t）を示したものです（原子力規制委員会事故分析検討会第五回会合配布資料「福島第一原子力発電所一号機津波到達後の小LOCA発生の可能性について（案）」二〇一三・一二）。

東京電力編「福島第一原子力発電所　東北地方太平洋沖地震に伴う原子炉施設への影響について」（二〇一一・九）には、原子炉スクラムから約五時間後の原子炉圧力測定値が記載されていなかったが、同改訂版（二〇一二・五）には、その値が記載され、事故シーケンスを考察する上で、決定的な役割を果たしました。

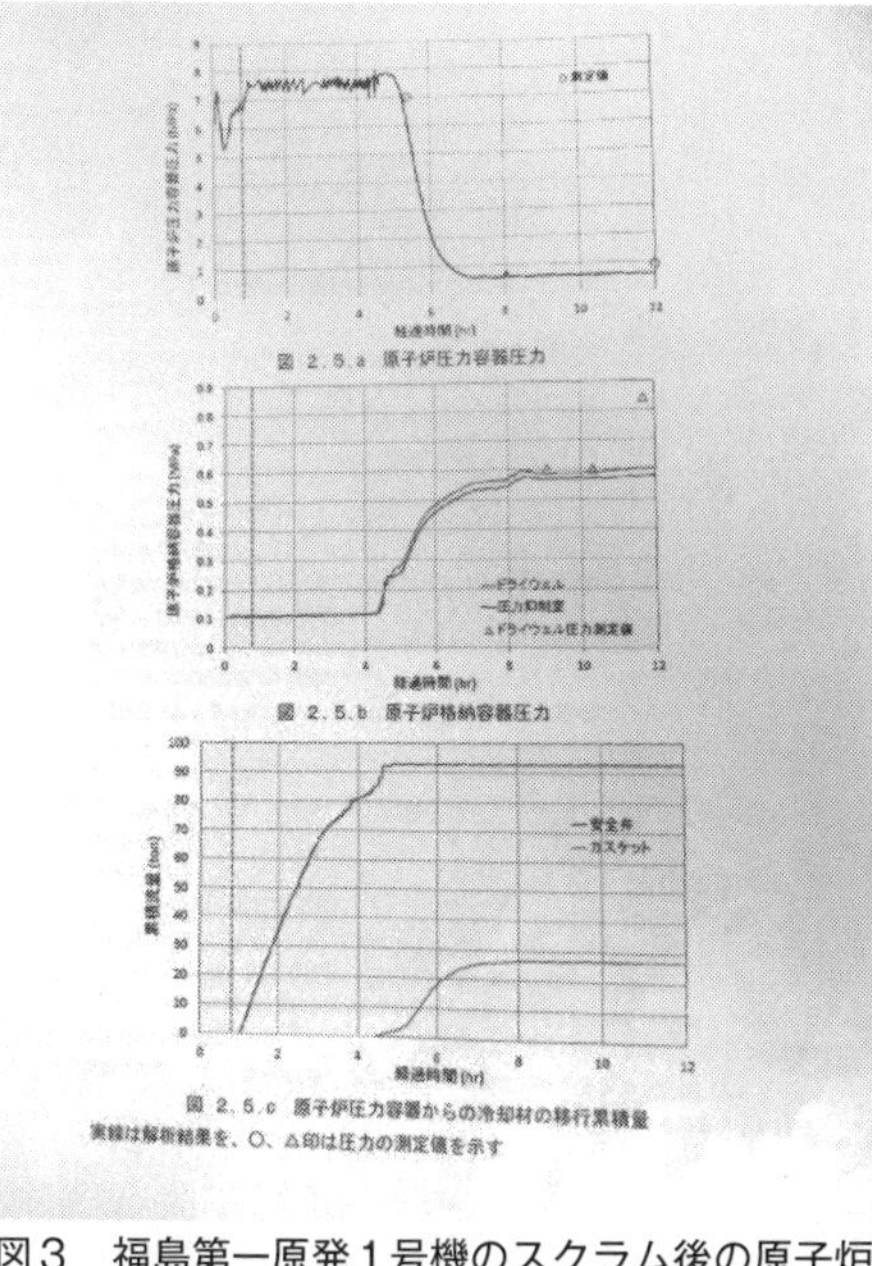

図３　福島第一原発１号機のスクラム後の原子炉圧力・原子炉格納容器圧力・安全弁からの放出水量の時間変化（実線はMELCOR計算値）

原子炉圧力は、スクラム一～五・五時間後までの四時間、崩壊熱で上昇するはずが、電源なしのバネ式安全弁が数回作動し、圧力調整した結果、一定値を維持したが、同時に、水蒸気の形で、大量の冷却水が失われたことを図2の三番目の図が示しています。

津波後、冷却水が注水できず、二・五～三時間で、炉心が崩れ、それから、約一時間で、原子炉圧力容器の底に穴が開きます。そうなると原子炉圧力が急速に降下する。その結果、原子炉格納容器圧力が上昇する。以上をまとめると、原子炉圧力急降下までの時間は、津波到達後、二・五～三時間＋一時間＝三・五～四時間となります。図2の一番上から読み取れることは、津波到達後から原子炉圧力急降下までは、約四時間で、従来の知識だけで合理的に説明できます。

2.1 個人対象

対象者氏名・組織名	間違った主張内容	専門知識の欠如
アーニー・ガンダーセン（フェアウィンズ・アソシエーツ社）	事故直後、福島第一原発三号機水素爆発を核爆発と主張。たとえ、高純度の核物質でも、爆縮しなければ、単なる、臨界事故。核爆発と臨界事故を同一と解釈しています。	三号機使用済み燃料貯蔵プールの水位・温度・プール水放射能濃度・目視検査などの結果が公表されており（東京電力編「福島第一原子力発電所 東北地方太平洋沖地震に伴う原子炉施設への影響について」二〇一一・九）、すべて、正常値に近いため、主張に、工学的根拠ゼロ。事故情報収集・解読能力ゼロ。核物理と炉物理の理解ゼロ。
藤原節男（元三菱重工業、元原子力基盤機構）	事故直後、福島第一原発三号機水素爆発を核爆発と主張。たとえ、高純度の核物質でも、爆縮しなければ、単なる、臨界事故。核爆発と臨界事故を同一と解釈しています。	三号機使用済み燃料貯蔵プールの水位・温度・プール水放射能濃度・目視検査などの結果が公表されており（上記文献）、すべて、正常値に近いため、主張に、工学的根拠ゼロ。事故情報収集・解読能力ゼロ。核物理と炉物理の理解ゼロ。
槌田敦（元理化学研究所、元名城大学）	事故直後、福島第一原発三号機水素爆発を核爆発と主張。同四号機も、燃料装荷中、地震に遭い、核爆発と主張。たとえ、高純度の核物質でも、爆縮しなければ、単なる、臨界事故。核爆発と臨界事故を同一と解釈しています。	三号機使用済み燃料貯蔵プールの水位・温度・プール水放射能濃度・目視検査などの結果が公表されており（上記文献）、すべて、正常値に近いため、工学的根拠ゼロ。四号機は、炉心シュラウド取替え作業中で、炉

		心に燃料集合体なし。たとえ、大部分の燃料集合体の装荷後に、移動中の一体が炉心上端に落下しても、制御棒落下などの偶発的事象を想定しない限り、未臨界維持。事故情報収集・解読能力ゼロ。核物理と炉物理の理解ゼロ。東京電力公表情報は、すべて、嘘という立場で主張。
田中三彦（元バブコック日立）	プラントデータなどの工学的根拠がないにもかかわらず、主観により、地震主因説を展開し、一号機非常用復水器（IC）配管損傷を主張。しかし、二〇一一年三月一一日二〇時頃に、原子炉圧力約七〇気圧の測定値が存在するため（上記文献改訂版二〇一二・五）、配管損傷で、原子炉圧力が低下したという主張は、完全に崩壊（同時に、原子炉圧力が低いため、圧力逃し安全弁〔SRV〕が作動しなかったという主張も完全崩壊）。極小冷却材喪失事故（極小LOCA）で原子炉の圧力・水位が変化しないと主張している反面、その条件でも数時間に七tも冷却水が漏れるとも主張しているものの、格納容器底の漏水ドレンサンプに水位が増した記録計測定値がない（配管から漏れた冷却水は、高圧・高温のため、瞬時に、水蒸気になるものの、格納容器内で、やがて、冷却・凝縮し、水として、格納容器底に集まる）。聞き取り調査の内容を自己主張に合うように曲解。	プラントデータに基づく工学解釈ゼロ。学部卒業後、バブコック日立で、わずか、一〇年しか鍛えられていないため、エンジニアとしての基礎力がありません。
後藤政志（元東芝）	明確な嘘の主張はありません。	福島第一原発事故前は、ペンネーム論者で、事故後、結果を見てから、本名で主張する後出しジャンケンのご都合主義者。
田辺文也（元原研）	二号機炉心では、ジルカロイ‐水蒸気反応にともなう水素発生はゼロと主張。東京電力が実施した苛酷炉心損傷計算コードMAAPや原子力基盤機構が実施した同種計算コードMELCORの計算結果とまったく異なる主張。原子炉熱流動の常識的解釈に反する説を著書『メルトダウン――放射能放出はこうして起こった』（岩波書店、二〇一二）で主張。田辺さんの簡易計算による炉心水素発生量は、東京電力や原子力基盤機構が実施した苛酷炉心損傷計算コードによる計算結果と二倍近く異なり、参考になりません。一号機の水素発生量では、七五〇kg（東電）	福島第一原発事故前、原研の伝統的な原子炉安全性研究者であったものの、事故後、結果を見てから、著書で、「まやかしの国の原子力」と主張し始めた後出しジャンケンのご都合主義者。原研での主任研究員の肩書きは、今回のミスのため、遡って、返上すべきです。

／四五〇kg（田辺、上記著書二八頁）、二号機で、八〇〇kg（東電）／〇kg（田辺）三号機では、七〇〇kg（東電）／一二〇〇kg（田辺、三九頁）となっている（東電と原子力基盤機構の結果は良く合っている）。田辺さんは、「二号機では水位が炉心下端以下だから水素発生がなかった」と主張（上記著書四四頁）しているものの、東京電力のMAAPの計算結果では、一～三号機とも、水位が炉心下端以下の時から水素が著しく発生し始めている（東電上記文献二〇一一・九、改訂版二〇一二・五）。

2.2　事故調査報告書

日本原子力学会事故調構成員は、田中知委員長（東京大学教授）など、五〇名で、主に、学会各部会から選出されています（四〇七～四〇九頁）。

東京電力が未検討の未解決問題（二号機格納容器プール上部空間の損傷原因、一～四号機格納容器プール壁損傷原因と時期、一～四号機原子炉建屋・タービン建屋への地下水流入の原因と経路、苛酷炉心損傷事故計算コードシステムＭＡＡＰの信頼性と従来解釈の妥当性など）については、他の事故調と同様、一切、触れず、東京電力事故調報告書などの記載内容の再検討に留まっており、実験や計算などをとおし、学会専門家の持てる潜在能力が十分に生かされていません。

唯一、実施した手計算は、専門家でなくても誰でも知っているボイル－シャルルの法則の適用例として、一号機原子炉格納容器の温度と圧力の関係（$P_1=P_0$（T_1/T_2））より、既知量の温度（T_1/T_2）から圧力（P_1）を推定（測定値八・一kPaに対して計算値八・五kPa）したことくらいです（一九一頁）。

福島第一原発事故後、東京電力は、苛酷炉心損傷事故計算コードシステムMAAP（Modular Accident Analysis Program）を、経済産業省管轄の原子力基盤機構は、苛酷炉心損傷事故計算コードシステムMELCORを、一般財団法人エネルギー総合研究所は、原子力基盤機構が開発した苛酷炉心損傷事故計算コードシステムSAMPSON（Severe Accident analysis code with Mechanistic, Parallelized Simulations Oriented towards Nuclear field）を利用し、事故発端から、コアメルト、メルトダウン、メルトスルーまで、詳細なコンピュータ・シミュレーションを実施しました（一二六頁）。三組織とも、独自に計算できる専門家がいないため、ソフト会社に丸投げしました。

学会事故調は、過去の関係部会の活動経緯を尊重し、耳慣れない、SAMPSONの計算結果を採用し、事故進展のメカニズムについて、ていねいに、綿密に、考察しています（九七〜一〇八頁）。事故調査報告書の内容で唯一評価できるのはその部分だけである。しかし、学会の専門家として、絶対に怠ってはならない、SAMPSONのコード概要や入力などを記した基本的文献、それに、SAMPSON計算結果の引用文献の明記がまったくなされていません。先行研究と自身の研究の境界を明確に記すのが、研究者の義務ですが、それがまったくできておらず、他人の褌で相撲を取っておきながら、あたかも、自前であるかのようなことを言うのは、ルール違反です。

一〜三号機の水素発生量は、MAAP、MELCOR、SAMPSONとも、比較的よく一致しています。SAMPSONによる原子炉圧力と原子炉水位の計算値はそれらの測定値とよく合っています。

「炉心溶融を防ぐ手立てはなかったか」において、「実際の事故発生当時に以下の対応を現場に要求することは困難であったが、今後同様の事故を防止する一つの参考となるものと考える」（一〇八頁）として、一号機に対し、「IC運転の継続と消防車によるIC胴側への水補給で、炉心溶融を防止できる」、二～三号機に対し、「炉圧を早期に減圧し、直ちに炉心スプレー系を経由して消防車注水を開始し、かつ注水系統の分岐配管の弁をすべて閉じることにより、炉心溶融を防止できる」と、その結論と技術的根拠を詳細に記しています（一〇八～一一〇頁）。

福島第一原発正門付近に設置されている放射線線量率モニターの二〇一一・三・一一～一六までの測定値時系列図（口絵一二と関連説明六五頁）には、他の事故調報告書と同様、何の補足説明もないが、その図は、原発からの放射能放出と強い相関があるわけではなく、ひとつの目安にすぎず、測定位置の気象条件依存性（風向き、風速、天気、温度、湿度など、特に、風向き）が強いことに注意を向けなければなりません。海岸近くは、昼間に海風（海から陸方向の風）、夜間に陸風（陸から海方向の風）が吹き、放射能放出時刻によっては、モニターにまったく記録されないこともあります。同図を利用して議論する場合には、そのことに注意しなければなりません。

事故調報告書には、「原子力ムラ」の不都合な真実（所長以下技術幹部全員が技術判断を間違えたこと、苛酷炉心損傷対策設備の設置時にマニュアルの用意だけで現場訓練をまったく実施していなかったこと、運転員と事故解析エンジニアが安全系の基本的な動特性を知らなかったこと〔ICとHPCIの作動時における正常な原子炉圧力や温度の変化幅など〕、米国で発生した全交流電源喪失事故のブラウンズフェリー一号機の冷温停止成功例との比較検討、など）が、一切、記されていません。特に、ブラウンズフェリー一号機の事例と比較検討し、東京電力が、致命的ミスを犯したことを明らかにすべきでした。

私は、一号機の非常用復水器が、なぜ、そのように呼ばれるのか、不思議に思っていました。機能を理解して直訳すれば、隔離時蒸気凝縮器となるはずです。しかし、事故調報告書を読み、納得しました。「復水」の語源は、「原子炉冷却材喪失事故時に作動する非常用炉心冷却系（ＥＣＣＳ）ではなく、通常時に利用するタービン系の復水器が利用できなくなった時に炉内で発生する蒸気を凝縮させて水に戻す徐熱設備」（一五三頁）であるためです。

以下、事故後に行われた緊急防護措置（要旨引用五六頁）です。

- 二〇一一年三月一一日二〇時五〇分　福島県知事は、政府の指示に先立って、独自に大熊町と双葉町に対し、福島第一原発から半径二km圏内（防護訓練時定義）の居住者の避難を指示しました。私は適切な措置だと思っています。
- 二〇一一年三月一一日二一時二三分　政府は、半径三km圏内の居住者の避難と半径三～一〇km圏内（ＩＡＥＡが奨励する予防的措置範囲、ベントの実施の考慮）の居住者の屋内退避を指示しました。
- 二〇一一年三月一二日五時四四分　政府は、避難範囲を一〇kmに拡大しました。私は、不適切な措置で、最初から二〇kmにすべきだと思っています。
- 二〇一一年三月一二日一八時二五分　政府は、一五時三六分に、一号機で水素爆発があったため、避難範囲を二〇kmに拡大しました。私は、すでに放射能が拡散し始めているため、不適切な後手措置だと思っています。

・二〇一一年三月一五日一一時　政府は、三月一四日の一一時一分に三号機で水素爆発があったため、さらに、三月一五日の六時に二号機で不明爆発と四号機のもらい水素爆発後、半径二〇〜三〇㎞圏内の住居者に屋内退避を指示しました。私は、放射能が拡散していれば、一時間で到達する距離であるため、ぎりぎりの判断だったと思っています。

総合的には、指示は後手に回っていて、不適切であったと思っています。三・一七には、高い線量率（一七〇μSv／h）が観測されたポイント31と32と33地点に、住民が二〇〇名も（実際にはもっと多い）自宅屋内に残っていました（五八頁）。事情が何であれ、被曝回避のため、強制的に避難させるべきでした。その二〇〇名（実際にはもっと多い）に対しては注意深い被曝評価が必要です。以下、追加的早期防護措置（五八頁）です。

・二〇一一年三月二五日　原子力安全委員会は、事故から二週間後、ＮａＩシンチレーションサーベイモニターにより、いわき市・川俣町・飯舘村の小児一一四九名の甲状腺線量の簡易測定を要請しました。小児一一四九名のうち一〇八〇名に対しては、原子力安全委員会のスクリーニングレベルの〇・二Ｓ μSv／h以下（一歳児甲状腺等価線量一〇〇mSv相当）だった。時期がやや遅く、事故直後の三・一六〜一七に実施すべきでした。

・二〇一一年五日　福島県は、全県民に対し、県民健康管理調査を実施しています。問診票で、三月一一日以降の行動記録や食事状況などを把握し、行動記録とモニタリングデータから、三月一一日〜七月一一日までの四カ月間の外部被曝積算実効線量を推定しています。問診票の放射線従事者以外の回答者数は、一一万九四五〇名で、最高二五mSv、一〇mSv以上は一一七名で、九九%が一〇mSv未満でした。

•二〇一二年九月三〇日　計画的避難区域と双葉町の八万一一一九名を対象に実施したホールボディカウンタによる内部被曝預託実効線量の推定では、二名が最大三mSvで、八万一〇九三名が一mSv以下でした。

正確な外部被曝積算実効線量を推定するのは、不可能に近いが、安全側の判断につながるように、保守的条件での評価がなされています。被曝線量は、私が心配したほど多くなく、住民の避難努力が数字に表れているように思えます。

以下、長期的防護措置への移行（五九頁）です。

•「避難指示解除準備区域」年間確実に二〇mSv以下の区域。

•「居住制限区域」年間二〇mSvを超えるおそれがあるため、継続して避難しなければならない区域。

•「帰宅困難区域」年間五〇mSvを超える区域。

以下、航空機による空間線量率測定（六七頁）です。

•福島第一原発の電源喪失で、排気塔の放射線モニターが機能せず、放射能放出量の直接的評価が困難になりました（六五頁）。

•二〇一一年三月一七〜一九日　米エネルギー省は、半径六〇km圏内の航空機モニタリング（飛行高さ一五〇〜三〇〇m）を実施しました。その結果、飯舘村など、北西方向への強い方向性が明らかになりました。汚染の高い区域では、地上高さ一mの空間線量率二〇mR／hにも達している（単位はmSv／hでなくmR／hであることに注意〔六七頁〕）。その値は、私の経験と知識では、原子力研究施設の管理区域のうち線量率が比較的高い区域の線量率に匹敵しています。北西方向の高汚染区域ではとんでもないことが起こっていました。

・その後、宇宙航空研究機構が小型航空機を利用し、原子力技術安全センター、原子力開発機構、日本分析センターなどが、民間ヘリコプターを利用し、空間線量率を測定しました。米エネルギー省による航空機モニタリングのやり方を見ていると、測定の要領の良さとおさえるべき要点をすべておさえており、大変、合理的で、効率的で、有効な測定と評価を実施していたことに驚きました。

以下、私の考察です。

一般論として、

・格納容器内を乾燥窒素で満たしていたため、格納容器内水素爆発を回避でき、その結果、相対的に、放射能放出を著しく軽減できました（原子炉スクラム時の炉心放射能の約九七％を閉じ込め、約三％放出）。

・原子炉建屋の壊れ方からすると、水素爆発の威力の大きさに驚く半面、四号機使用済み燃料貯蔵プール（一三三一体貯蔵）が致命的破壊を遂げなかったのは、むしろ、幸運なことでした。

緊急時措置の妥当性について、

- 住民が線量計を携帯していたわけではないため、正確な被曝評価は、不可能だが、評価条件によっては、安全側の評価は可能でした。
- 住民に対する指揮命令系統と指示時期・内容は、ほぼ、妥当だったが、やや、後手に回っていました。
- 幼児甲状腺被曝スクリーニング実施や問診票による福島県全県民に対する問診票からの被曝推定実施の時期は、地震・津波・原発事故と、三重苦の中で、やや、遅れ、理想的ではないものの、比較的よくできていました。
- どのような事情か記されていないが、避難区域圏内で二〇〇名（実際にはもっと多い）も避難していなかった住民がおり、生活環境を考慮し、できるだけ、正確な被曝量の推定が必要です。
- 事故直後、困難な中、大学や研究機関の放射線測定や被曝評価の担当者が協力し合い、理想的ではないものの、よくできていました。

緊急時措置の反省点について

- 事故初期の頃（三・一四〜一五）、放射能放出量が明確にできなかったため、SPEEDI（System for Prediction of Environmental Emergency Dose Information　緊急時迅速放射能拡散予測計算コード）を効率的・効果的に利用できなかったが、その一因は、原研でのコード開発の考え方と完成度評価に欠陥があったと思われる（事故に直面して初めて分かるほど高度な問題ではなく、初歩的つまずきであって、許容範囲外の出来事）。

- 被曝量の不確実性の幅を評価しておく必要がありました。
- 行政側や研究者によるリスクコミュニケーションが不十分でした（「積算被曝量一〇〇mSv以下では影響がない」ではなく、「生活環境の十数種の影響要因と重なるくらい小さいため、個々の要因による影響を明確に分離ができず、低線量被曝リスクを明確に表現することが難しい」と）。
- ウェブの書き込み情報から判断すると、国民の大部分は、原発事故とその影響（被曝影響の正確な知識）について、何も知らず、今後、情報を発する側も、受ける側も、的確な方法でのレベルアップが必要です。

事故調報告書名・委員長名	欠陥事項	重要文献
※順序は最終報告書公表順。		桜井淳「事故調査はいかにあるべきか」科学技術社会論学会研究大会口頭発表（総合研究大学院大、二〇一二・一二）。伝統的事故調査は、航空機事故調査に見るように、事実に語らせる手法（ここでは第一世代型事故調査手法と定義）。ところが、一九九九年に発生したＪＣＯ臨界事故調では、理工系と人文社会系の専門家約四〇名で構成され、総合的な事故調査手法（第二世代型事故調査手法と定義）。福島第一原発事故調査では、複数の事故調の設置、原子力界から独立した委員、数百〜千数百件の聞き取り調査による事故調査手法（第三世代型事故調査手法と定義）。分析視点は第三世代型事故調査手法が最も優れていたか否かに置かれています。

報告書	評価	文献
民間事故調報告書（北澤宏一元科学技術振興機構理事長）	事故調査の判断情報は、東京電力から提供された調査・計算結果や聞き取り調査が基になっていて、独自の調査項目と計算に乏しい。東京電力資料依存型事故調査。東京電力が未着手・未解明な問題（一～四号機格納容器圧力抑制室からの大量漏水原因や地下水大量流入箇所・原因など）に対しては、一切触れておらず、独自の調査能力ゼロ。事故後の後知恵での解釈。特に、事実関係確認や工学的解釈などに工夫ゼロ。しかし、「グローバルコンテクスト」の視点とまとめが優れている。総合点二〇点。総合判定「致命的欠陥」。	福島原発事故独立検証委員会『福島原発事故独立検証委員会調査・検証報告書』（ディスカヴァー・トゥエンティワン、二〇一二・三）。
東京電力事故調査報告書（山崎雅男東京電力副社長）	事故当事者として、比較的短時間に調査・計算に努めたものの、安全審査・建設・運転管理について、自己正当化が目立ち、客観性に欠ける。他の事故調の検討資料を提供した寄与・貢献は、評価できる。総合点五〇点。総合判定「致命的欠陥」。	東京電力編「福島第一原子力発電所　東北地方太平洋沖地震に伴う原子炉施設への影響について」（二〇一一・九）。東京電力編「福島第一原子力発電所　東北地方太平洋沖地震に伴う原子炉施設への影響について」（二〇一一・五）。東京電力編「福島原子力事故調査報告書」（二〇一二・六）。
国会事故調報告書（黒川清東京大学名誉教授）	事故調査の判断情報は、東京電力から提供された調査・計算結果や聞き取り調査が基になっていて、独自の調査項目と計算に乏しい。東京電力資料依存型事故調査。事故後の後知恵で解釈。プラントデータに基づく工学的根拠のない「地震主因配管損傷説」にこだわりすぎた。聞き取り調査内容を作為的解釈・引用。他人の先行研究をあたかも自身のオリジナリティとして無断利用（論文盗用）。「可能性の示唆」という事故調査の禁じ手を使用。問題提起内容の信頼性が低く、責任追及に値。報告書編集過程でのミスにより、記載内容に欠かせない重要文献欠落。総合点二〇点。総合判定「致命的欠陥」。	東京電力福島原子力発電所事故調査委員会編『国会事故調報告書』（徳間書店、二〇一二）。東京電力福島原子力発電所事故調査委員会編「国会事故調会議録」（徳間書店、二〇一二）。東京電力福島原子力発電所事故調査委員会編『国会事故調参考資料』（徳間書店、二〇一二）。
政府事故調報告書（畑中洋太郎東京大学名誉教授）	事故調査の判断情報は、東京電力から提供された調査・計算結果や聞き取り調査が基になっていて、独自の調査項目と計算に乏しい。東京電力資料依存型事故調査。事故後の後知恵の解釈。時間をかけ、調査し、事実に語らせる伝統的事故調査手法に徹したため、相対的に、信頼性の高い報告書。総合点四〇点。総合判定「致命的欠陥」。	東京電力福島原子力発電所における事故調査・検証委員会編『政府事故調最終報告書（概要・本文編・資料編）』（メディアランド、二〇一二）。

原子力学会事故調報告書（田中知東京大学教授）	事故調査の判断情報は、東京電力から提供された調査が基になっていて、独自の調査項目に乏しい。東京電力資料依存型事故調査。エネ総研が実施した苛酷炉心損傷事故計算コードSAMPSONの結果の検討をしているが、専門家集団として、独自の実験と計算を実施すべき。唯一の原子力専門家集団であるにもかかわらず、持てる能力を十分に発揮できていない。しかし、MAAPやMELCORでなく、日本で開発したSAMPSONの計算結果を採用したことは、評価できる。苛酷炉心損傷事故や安全規制について、世界と日本の現状を整理しており、他の事故調との唯一の棲み分け成果。報告書編集過程でのミスにより、記載内容に欠かせない重要文献欠落。総合点四〇点。総合判定「致命的欠陥」。	日本原子力学会東京電力福島第一原子力発電所事故に関する調査委員会『福島第一原子力発電所事故その全貌と明日に向けた提言——学会事故調最終報告書』（丸善出版、二〇一四）。

2.3 政府・事業者

担当者氏名・職位	冷温停止失敗への影響度	重要文献
		苛酷炉心損傷事故研究WASH-1400（1975）、及びNUREG-1150（1990）。
菅直人内閣総理大臣（民主党）	一刻を争う全交流電源喪失事故時に、福島第一原発訪問や東京電力本社訪問など、東京電力が実施すべき事故対応を妨害。それらは、危機管理からすれば、禁止行為。すべきことは、東京電力にすべて託し、何もしないこと。総合判定「致命的欠陥」。	上記文献には二～三時間で炉心溶融にいたることが記されており、菅総理大臣（当時）は、速い事象展開になることを認識できていませんでした。
清水正孝東京電力社長ら本社技術幹部	テレビ会議などで福島第一原発における事故対応を妨害。それらは、事故当事者危機管理からすれば、禁止行為。すべきことは、すべてを福島第一原発の吉田昌郎所長に託し、後方支援に徹すべき。総合判定「致命的欠陥」。	上記文献には二～三時間で炉心溶融にいたることが記されており、彼らは、速い事象展開になることを認識できていませんでした。

吉田昌郎福島第1原発所長ら技術幹部	一号機は、津波により、すべての安全系が機能喪失したため、炉心溶融は、回避できなかったが、二～三号機については、長時間にわたり、原子炉隔離冷却系（RCIC）と圧力逃し安全弁（SRV）が機能していたため、十数時間かけて減圧操作により、冷温停止に導けたはず（ブラウンズフェリー原発一号機と比較）。だが、最優先すべきことを怠った。専門知識不足。ただし、ブラウンズフェリー原発一号機の原子炉格納容器は、MarkⅡで、容積やや大きく、圧力や温度の上昇がいくぶん緩和される。一九九二年に、原子力安全委員会が、マークI型格納容器に、苛酷炉心損傷事故対策の一環として、ベント管と淡水・海水炉心注水系の設置を奨励（勧告ではなかったため、強制力がなく、日本原電敦賀原発一号機では、何も設置していない）したが、東京電力は、機器や配管の設置をしたものの、マニュアル作成と従事者に対する講習会だけで、実際に役立つ現場訓練を一度も実施していなかった。そのため、事故時、試行錯誤をくり返した。実施していれば、結果が変わっていた可能性大。総合判定「致命的欠陥」。	一九七五年三月二二日に発生したブラウンズフェリー原発一号機のケーブル火災に起因する全交流電源喪失事故（Nucl. Safty, Vol.17,No.5〔1976〕, NUREG/CR-2182, Vol.1〔1981〕）では、原子炉隔離冷却系と圧力逃し安全弁が機能していたため、一五時間以内に、冷温停止できた（詳細については桜井淳『原発のどこが危険か』朝日選書、一九九五、一二五～一三八頁参照。この本は、一八年前に、世界で発生した全交流電源喪失事故を体系化し、事故の内容と対応をまとめ、特に、ブラウンズフェリー原発一号機の事故分析について詳述してある。私は、当時、技術管理上の問題から発生すると考えていたものの、津波による事象は、まったく、考えていなかった。世界の専門家は、誰ひとり津波による全交流電源喪失事故を考えていなかった）。
斑目春樹原子力安全委員会委員長	菅直人内閣総理大臣（当時）に対し、的確な助言ができなかった。専門知識不足。民主党政権では罷免を検討したものの、国会手続きが必要なため、状況からして無理と判断し、飼い殺しにされた。最悪事故シナリオの作成は、機能からして、原子力安全委員会の分担であったにもかかわらず、民主党政権は、斑目委員長の能力不足のため、近藤駿介原子力委員会委員長に依頼した。総合判定「致命的欠陥」。	船橋洋一『カウントダウン・メルトダウン（上・下）』（文藝春秋、二〇一二）。

3　指導的立場の原子力エンジニアの先見性と後進性

以下、従来の苛酷炉心損傷事故のメカニズムと異なる主張例を批判的に取り上げます。

石川廸夫（元原研、元北海道大学）『考証 福島原子力事故——炉心溶融・水素爆発はどう起こったか』（日本電気協会新聞部、二〇一四）には、基本的事項において、多くの間違いが見られます。「アイダホ国立研究所（ＩＮＬ）」（一八頁）ではなく、アイダホ国立工学研究所（ＩＮＥＬ）を経て、アイダホ国立環境工学研究所（ＩＮＥＥＬ）となり、一〇年前からアイダホ国立研究所に戻りました。三四頁では、「米国アイダホ国立工学研究所（ＩＮＥＬ）」となっており、全体が統一されていません。

「原子炉で水蒸気爆発が起きるのは、反応度事故のように、瞬間的で大きな発熱により高温物質が溶融し、蒸発し、伝熱面積が極端に大きくなる場合に限った現象」と、原子炉内での一般的な水蒸気爆発を否定していますが、炉心で高温になったデブリや溶融物が原子炉圧力容器の底に落下し、そこに、大量の冷却水が存在すれば、水と高温物質が反応し、物質の周囲の冷却水は、瞬時に、激しく蒸発し、爆発現象となり、ちょうど、バケツの中に、ストーブの焼け火箸を入れた時のように、それが大規模になるだけです。

「ＢＷＲの運転圧力は約七メガパスカルで、ＴＭＩ（ＰＷＲ）の約一五メガパスカルと比べると半分ほど」（二六頁）とありますが、ゲージ圧か絶対圧かの記載がありません。

表１・１・１の⑦に、「原子炉格納容器」（三二頁）とありますが、正しくは、原子炉圧力容器です。ただし、本文中の説明は、正しく記載されています。

ＴＭＩの最初の炉心崩落について、「燃料棒はバラバラになって崩落……中性子束に乱れが生じた」（五〇頁）、「各所で放射線レベルが上昇」（五六頁）とあるが、ただ、そのように書くだけで、証拠の図が示してなく、論証不十分。

女川原発や福島第二原発や東海原発に対し、「発電所を事故に至らせなかった運転員達の技量は、『立派だった』」（六八頁）とありますが、福島第一原発では、各種ミスをくり返し、炉心溶融に陥り、日本の原発運転員やエンジニアの実力は、どの電力会社も大差ありません。福島第一原発で失敗したことを棚に上げ、女川原発や福島第二原発や東海原発を事例に、技量が高いとは、一般論ではなく、単なる、言いわけにすぎず、悪質なトリック。七六頁でも、同様の解説をしています。

「マーク（ＭＡＲＣ）Ｉ型」（七〇頁）とあるが、正しくは、ＭＡＲＫで、七二頁の図１・２・３の説明文では、正しく記されています。

「一二日午前四時頃の、最初の放射線量率の上昇は、一号機の炉心溶融に伴う上昇」（七八頁）とありますが、文章が下手で、「上昇は、……上昇」と、さらに、その上昇の解釈は、明確な証拠がなく、自説への強引な結びつけにすぎません。そのように解釈できない現象もあり、たとえば、一号機の原子炉圧力は、前日の二一時頃に、約七〇気圧（絶対圧）から約一気圧（絶対圧）に急降下しており、さらに、一号機圧力抑制室の線量率が六〇〇～一〇〇〇㎜Svと（東京電力編「福島原子力事故調査報告書」二〇一二、一四六頁）、異常に高く、炉心溶融した結果と解釈できます。三月一一日夜から一二日四時くらいまでの正門放射線線量率モニターの記録が上昇していないのは、その時間帯の風向きが陸から海へ向かう陸風であったためである。石川さんは、すべての現象を考察し、総合的に検討していない。

「原子炉水位が下がり燃料棒が水面上に頭を出すと、そこから出てくるγ線は炉心の外に飛び出すので、崩壊熱として働かなくなる」（八八頁）とありまが、放射線（ガンマ線、ベータ線、アルファ線）の大部分は、燃料棒内で吸収され、崩壊熱となります。透過性の高いガンマ線は、何割か、燃料棒外へ洩れ、周辺の燃料棒などに吸収され、水がなければ、吸収が小さくなるものの、崩壊熱になる割合が相対的に、少なくなるだけです。

「福島第一の原子炉建屋最上階床に組み込まれている六〇〇ｔの遮蔽プラグが（引用者注：直径約一三ｍ高さ約二ｍから、総重量は、コンクリート密度二・四ｇ／㎤と遮蔽プラグの円柱体積をかければよい）、水素圧〇・〇五メガパスカル以上で持ち上げられ（引用者注：遮蔽プラグ下面積に六〇〇ｔ以上が作用する圧力を求めている）、水素爆発につながる水素漏洩が生じた」（一一三〜一一四頁）との趣旨の解説がなされていますが、水素漏洩経路は、そうではなく、爆発に寄与した大部分の水素は、格納容器の電気ペネトレーション部やパーソナル・エアロック部や大型機器搬出入口部から、水素は軽いため、各階をつなぐ階段部分を抜け、最上階に上昇したとすべきです（東京電力編「福島第一原子力発電所　東北地方太平洋沖地震に伴う原子炉施設への影響について」〔改訂版〕添付14－4、二〇一一・五）。

「チェルノブイリ事故で、水素圧のため、浮き上がった遮蔽プラグの重量は、一六〇〇ｔ」（一五〇〜一五三頁）なる趣旨の解説がありますが、それは、遮蔽プラグではなく、炉心上部構造板です。遮蔽プラグは、原子炉建屋最上階の中央ホールの床にあり、鉄骨構造物の上に、圧力管上部に、縦二〇㎝横二〇㎝高さ三〇㎝のコンクリートプラグが、格子状に、一五〇〇個並び、運転中、燃料交換する時には、その遮蔽プラグを引き抜き、自動燃料交換機で、燃料交換しています（桜井は、一九九三年、ＮＨＫスペシャル取材班のひとりとして、チェルノブイリと同型のクルスク原発を訪問・調査）。

遮蔽プラグは、図1・2・18に示されたような、非常に大きな円筒形ではありません。その炉心上部構造板は、水素圧で浮いたのではなく、反応度事故の際のさまざまな要因に起因する総合的爆発衝撃力です。今中哲二は、著書『放射能汚染と災厄――終わりなきチェルノブイリ原発事故の記録』(明石書店、二〇一三)において、図を示し(二二四～二二五頁)、正しく、炉心上部構造板とし、その重量を二五〇〇t(二二四頁)と記している(今中に問い合わせたところ、文献を示し、正しくは二〇〇〇tでした)。

燃料棒の被覆管内外面に生成されたジルコニウム酸化膜が強靭で、たとえ、融点が二八〇〇℃としても、炉心からの輻射熱により、ステンレススチール製の炉心下部格子板が、融点一四〇〇℃に達し、炉心を水平に維持できなくなり、多少、傾いただけで、炉心は、一気に崩れ落ちます。よって、燃料棒が、水蒸気で冷却され、ウラン融点に達しなくても、注水により冷却されなくても、炉心は、形状を維持できなくなります。

一号機の原子炉圧力が急降下した原因は、「(原子炉圧力容器)上蓋を締め付けるボルトが熱膨張で伸びて、内圧によって上蓋が持ち上げられた結果隙間ができて、その隙間から蒸気が格納容器に吹き出した」(一七一頁)としていますが、これもエンジニアとしてのひとつの推定にすぎません。金属の熱膨張は、最初、Laの長さのものが、線膨張率αで、温度がtならば、膨張長さLtは、$Lt=La(1+\alpha t)$となり、鉄などの金属では、三〇〇～五〇〇℃になれば、約数mm、膨張します。よく考えなければならないのは、石川さんは、ボルトの伸びのみに着目し、約数mm伸びて、隙間ができると主張していますが、そうではなく、膨張しているのは、周囲の上下のフランジも膨張しており、それを無視した定量的評価は、無意味。石川さんは、一五〇〜一五三頁においても、格納容器上蓋ボルトで、同様の間違いを犯しています。

一号機原子炉建屋五階だけ水素爆発で破壊されたことに対し、「水素ガスは五階フロアだけに存在したことを意味しています。水素ガスが五階フロアだけに流れ込むという道筋は、水素ガスが格納容器から真上へ流出する以外にありません」（一七四頁）とありますが、格納容器の各部から漏洩した水素は、軽いため、各階の階段部分を上昇し、すべて、五階に停留したと解釈することもでき（東京電力編「福島第一原子力発電所　東北地方太平洋沖地震に伴う原子炉施設への影響について」〔改訂版〕添付14－4、二〇一一・五）、石川さんの着眼点は、唯一の解になっていません。石川さんが、そのように、思い込んでいるだけです。

水素爆発の「着火源は遮蔽プラグの落下に衝撃しかありません」（一七六頁）とありますが、人間の目で見える大きさの火花でなくても、空気など流体の流れに起因する静電気の蓄電とわずかな放電でも、水素爆発します。政府事故調は静電気放電説を挙げました。

一号機の炉心崩落の時間について、「注水を開始する一二日午前四時頃には……、まだ炉心全体として溶融に至っていないと推定」（一七八頁）とありますが、石川さんは、前日夜の原子炉圧力急降下の原因を圧力容器上蓋部からの水蒸気漏洩と推定し、炉心溶融にともなう圧力容器の底の損傷に拠るものでないとの強引な推定からのこじつけのように思えます。すでに、記したとおり、一号機の原子炉圧力は、前日の二一時頃に、約七〇気圧（絶対）から約一気圧（絶対）に急降下しており、さらに、一号機圧力抑制室の線量率が六〇〇〜一〇〇〇㎜Svと（東京電力編「福島原子力事故調査報告書」二〇一二、一四六頁）、異常に高く、炉心溶融した結果と解釈できます。

石川さんの計算（五四〜五五、一二四〜一二五、一五二、一九〇〜一九一頁）は、工学部機械工学科卒業ならばできる、ごく、初歩的なものばかりです。

石川さんは、問題提起には成功しているものの、自然科学と社会科学からの論証には失敗しており、その原因は、最初の思い込みに都合の良いデータのみ拾い歩く視点にあります。いくつかのデータと事象を総合的・統一的に説明できる解釈の仕方でないとダメ。

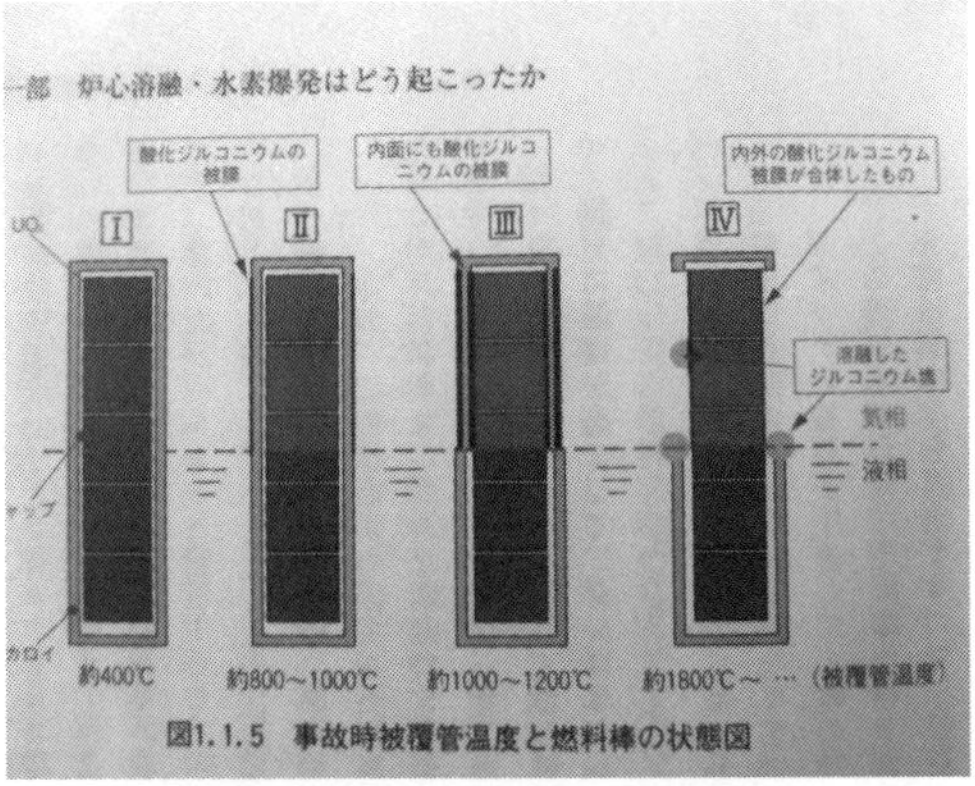

以下、評価できる点です。

意外な情報は、「ICは、JPDR、敦賀一号機、福島第一一号機といった、古い三基のBWRのみに採用されている」（八三頁）で、JPDRに設置されていたとは、認識していませんでした。このことは、これまで、公表されていなかった良い情報。

石川さんは、プラントデータを基に、独自の視点から、事故分析し、素人による事故調（民間、国会、政府）だけでなく、専門家集団としての事業者事故調（東京電力）や原子力学会事故調が能力不足のために考察できなかった事故モデルを提案したが、たとえ、部分的成立で

図４　燃料棒酸化被膜形成過程（p.45の図１・１・５引用）

も、高く評価されるべき成果です。

以下、石川仮説の本質点一。

図４の左側から、燃料棒は、約四〇〇℃で正常、約八〇〇～一〇〇〇℃でジルカロイ－水蒸気反応で被覆管外側に酸化被膜生成、約一〇〇〇～一二〇〇℃で被覆管内側にもそれが生成、約一八〇〇℃以上でジルカロイが溶融して内外の被膜が一体化し、高温のままならば、強靭な被膜を維持します。これが石川仮説の本質点です。従来の考え方では、三番目の状態で崩れると評価され、四番目の状態は考えませんでした。しかし、私は、一般的に成立しないと判断しています。

以下、石川仮説の本質点二。

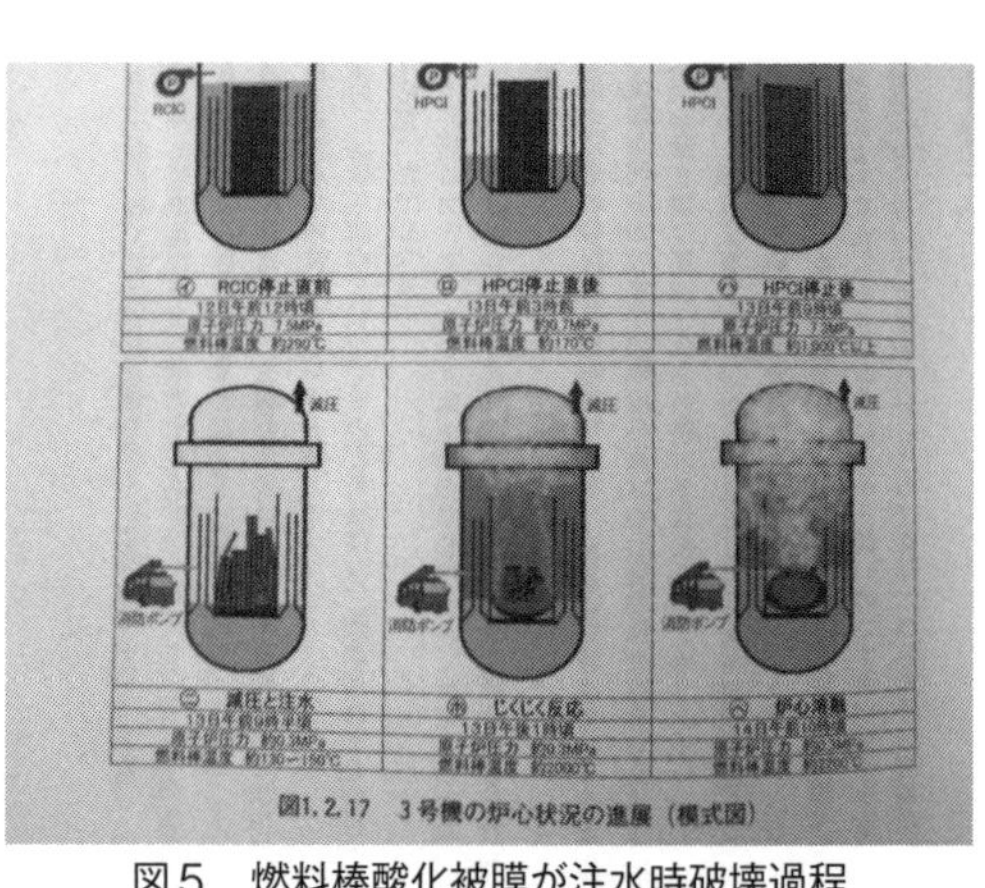

図５　燃料棒酸化被膜が注水時破壊過程
（p. 147の図１・２・17引用）

石川仮説に拠れば、原子炉水位が下がっても、上記の左から三番目のように、強靭性の高い酸化被膜の生成により、燃料棒の形状を維持しているが、図５の下段一番左の図のように、外部から注水したことにより、酸化被膜が冷却されることにより、強度を失い、崩れ落ちることになります。

これが石川仮説の本質点です。しかし、私は、一般的に成立しないと判断しています。

石川仮説が、たとえ、全面的に成立しても、従来の原子炉核熱流動計算コード（ＲＥＬＡＰ、ＲＥＴＲＡＮ、ＴＲＡＣなど）への実用上の影響は、なく、保守的評価を目的としている苛酷心炉損傷事故計算コード（ＭＡＡＰ、ＭＥＬＣＯＲ、ＳＡＭＰＳＯＮなど）を最適評価に改良するならば、より詳細な変更を要するかもしれません。

原子力機構は、安全性研究炉（Nuclear Safety Research Reactor：ＮＳＲＲ）で、そのための実験を実施する予定になっており（ＮＳＲＲでの短尺燃料では、軽水炉の長尺燃料の高温時の変形の影響が正しく考慮できない）、原子力学会に研究専門委員会が設置され、石川仮説が、全面的に成立するか、ある特別な条件下で成立するか、まったく成立しないか、総合的に検討することになり、結果のいかんにかかわらず、ミクロ分析に基づく、事故の最適評価のために、貢献できます。

石川さんの分析は、プラントデータと東京電力事故調査報告書を基に、専門家としての知識と経験で判断しており、全体的に、信頼性は、比較的高く、田中三彦さんのような、根拠なき、「地震によるＩＣ配管破断説」「１Ｆ－１原子炉建屋四階爆発説」「非常用ディーゼル発電機停止津波原因説」、さらに、田辺文也さんの「二号機炉心水素発生ゼロ説」のような、工学的に不合理な問題提起など、無視しています。当然すぎるほど当然な結果。

今後、しばらく時間をおいてから、三度目、四度目を読み、より深い考察を行いたい。

『考証　福島原子力事故――炉心溶融・水素爆発はどう起こったか』（第二部）には、基本的事項において、多くの間違いがあります。以下のとおり、ひどい内容で、石川は、第一部の問題提起で、止めておくべきでした。

「(三・一二) 午前四時頃といえば、原子炉圧力は約〇・八メガパスカルありましたから、報告書の『現場の放射線上昇』は、この配管（防護扉の裏で発見した送水口）から放射能が漏れ出たのではないか」(二二四頁) とありますが（二二七頁の注でさらなる言い訳)、まったく、根拠のない推定。

いまの新規制基準に対し、「フィルターベントの敷設は重複であり、不必要と思われます。むしろ、現設計の改良により除去効果の改善を行うのが急務でしょう。安全設備の不必要な重複は、逆効果を生むことがあるからです」(二二八頁) とありますが、いまの圧力抑制室での放射能除去は、最初の段階での水温の低いときには有効ですが、一〜三号機のように、一〇〇℃を超えると、除去効率が極端に下がり、機能喪失に近くなるため、いまの設備の改善程度では、対応できません。石川さんは、立場上、それまでの規制基準に、こだわりすぎているように見えます。この本のいたるところで、軽水炉の優秀性と安全性を強調しているが、福島第一原発事故は、軽水炉で想定される最大の事故ではなく、さらに、数十倍の放射能放出をもたらす事故も考えておかなければなりません。固有安全性を備えた原子炉でなければ商業利用はダメ。石川さんは時代遅れの古い安全性の考え方を固守しています。石川さんは、いたるところで、原子力規制委員会と新規制基準を批判していますが、古い安全観や価値観が世代交代していることに気づかず、まだ、正統性と正当性を主張しており、傍目には、痛々しく感じます。

二号機について、「原子炉建屋は爆発を免れましたが、格納容器の放射能が直接漏れ出して、背景線量の増加を招き、ひいては近隣住民の避難を誘き起こしました」(二三〇頁) とありますが、広範囲の住民は、政府と地方自治体の避難命令に基づき、放射能漏れの発生する前の三・一一の深夜までに、避難していました。

二号機の格納容器について、「圧力容器の設計圧力は約四メガパスカルです。この破損により格納容器圧力は急速に下がって、午前六時頃に〇・二〜〇・四メガパスカルにまで低下しています。格納容器の破損は間違いないことでしょう」（二三二頁）とありますが、圧力がゲージ圧か絶対圧か分からず、さらに、文章の流れからすれば、「圧力容器の設計圧力は約四メガパスカル」ではなく、「格納容器の設計圧力は約〇・四メガパスカル（ゲージ圧）」となります。なお、ＢＷＲ圧力容器の設計圧力は、運転圧力の七メガパスカル（ゲージ圧）に工学的余裕度を考慮した約八・六二メガパスカルです（東京電力編「福島第一原子力発電所 東北地方太平洋沖地震に伴う原子炉施設への影響について」参考-1、二〇一一・九）。格納容器の圧力が下がったからと言って、単純に、破損とは言えず、圧力計の故障も考慮しなければならず、まだ、格納容器が、本当に、破損したか否か、良く分かっていません。

二号機のブローアウトパネルからの水素ガス吹き出しについて、「この水素ガスは、炉心溶融によって発生したものですから、付随して出てきた放射能もまた直接炉心から来た濃い放射能です、一、三号機のように、ＳＣによる除染は受けていません」（二三一〜二三二、二五〇頁）とありますが、石川さんは、非常に、基本的事項で、考え違いをしており、もし、ドライウェルとウェットウェル（ＳＣ：サプレッションチェンバー）の圧力降下が本当ならば、破損は、壁厚二cmのウェットウェル上部壁であり、ドライウェル圧力が降下したのは、ウェットウェル圧力降下にともなうベント管（ドライウェルとウェットウェルをつなぐ八本の大きな管）をとおしてのウェットウェルへの流のバランスですから、ウェットウェルの水で放射能除去されているはずだが、水温が高かったため（東京電力のMAAP計算結果に拠れば一五〇℃〔東京電力編「福島第一原子力発電所 東北地方太平洋沖地震に伴う原子炉施設への影響について」添付8-59、二〇一一・九〕）、放射能除去効率が下がり（放射性ガスを含む水蒸気が冷たい水を通過すれば、水泡が冷やされ、水泡が消え、放射能は水に溶け込むが、水温が高くなれば、溶け込み率が下がる）、その結果、水を通過しても、濃い放射能が放出されます。

「三月一五日に測定された毎時三〇〇マイクロシーベルトの背景線量率は、軽水炉における炉心溶融事故時の、最高値の目安ではないかと私は考えています」（二三三頁）とありますが、あまりに楽観的評価で、工学的評価にはなっておらず、エンジニアとして、恥ずかしいことです。一～四号機では、格納容器の接続部（上蓋部、電気ペネトレーション部、大型機器搬出入口部、パーソナル・エアロック部）からの漏洩程度で、格納容器自体が爆発などで大破壊されたわけではないため、放射能放出は、放射性ガスなど、限られていたが、大破壊したならば、大量の放射能が、環境に放出されるため、これまで公開されている文献から判断すれば、福島第一原発事故より、少なくとも、数倍から数十倍にも達します。

「一〇分一としたのは、放射能拡散は距離の二乗に比例することからで、……」（二三五頁）とありますが、拡散方程式において、横方向距離をyとすれば、exp（-y2）に依存し、「比例」ではなく、反比例。「緊急時避難線量二〇～一〇〇ミリシーベルトに比較して十分低く、従って緊急避難を必要とする線量とはいえません」や「一四日深夜までは住民避難は必要なかったのです」とありますが、百歩後退しても、それは結果論で、当時、どのような事故になるのか分からない時の保守的避います。

難命令であり、避難命令は、的確でした。結果論で当時の保守的避難命令を否定するのは間違っています。

「日本政府は震災の当日である三月一一日に、何の前触れもなく突然深夜の住民避難を強行しました。……明確な根拠なしに緊急避難を強行した政府の責任は重いといえます」（二三八頁）とありますが、結果論での批判であって、保守的避難命令を発したため、住民被曝を少なくできました。

石川さんは、国際放射線防護委員会（International Commission on Radiological Protection：ＩＣＲＰ）の勧告を絶対的に正しいと解釈し、その条件ならば、何の問題もないと解釈しているようですが（二三八～二四〇頁）、勧告値には、小さいですが、一定のリスクを想定しているため、リスクが小さいから無視してよいということにはならず、社会的には、どのくらいリスクが小さければ、受容できるのかということが、議論されています。「そろそろ冷静に、科学的に、物事を判断してよい時と思います」（二三八～二四〇頁）とありますが、冷静で科学的でないのは、この本から読み取れるように、石川さん自身。

石川さんは、自身の原研などでの経験を基に、「福島の放射線レベルは、発電所周辺の汚染の高い地域を除いて、人体に有害とは思いません」（二四二頁）としていますが、石川さんのような職業的放射線従事者とそうでない住民の安全観と価値観は、異なるため、さらに、相対評価でなく、絶対評価をしても、社会的には、許容されません。いま、社会では、そのことが議論されています。石川さんは外部被曝と内部被曝の不確実性をもっと勉強すべきです。石川さんのような単純な安全論を展開するから、国民の反発を招くのです。石川さんが、いま確実にすべきことは、いい加減なことは、何も言わないことです。

「正確な調べではありませんが、事故後数日の風向きはおおむね海側に向かって吹き、一六日頃は、北東方向飯舘村に向かって吹いていたと聞いています」（二五二頁）とありますが、「一六日」でなく一五日、さらに、「北東方向」でなく北西方向。石川は基本的なことを何も知りません。

「福島事故での災害状況は、チェルノブイリ事故と比較して軽微であったことが分かります」（二五四頁）とありますが、避難者総数、土地汚染、住民に対する賠償額、土地除染費用など、社会的損害額は、莫大な費用に達しており、歴史的事故が、軽微であったとは、誰ひとり、考えていません。石川さんが、そのようなことを主張するため、原子力研究者は、社会から、ますます、信用されなくなります。

「B５b（米原子力規制委員会は、二〇〇五年に、テロ対策として、米各原発に、非常用電源の増強と分散設置を命令）の秘匿は、悔やみきれない逸機でした。私は、福島事故を災害に拡大した最大の責任を、B５bの秘匿にあると思っています。その意味では、事故責任は東京電力よりも政府に重いといえましょう。また、この秘匿は、役人の過失や職務不履行というより、犯罪に近いと考えています」（二七四頁）とありますが、石川さんは、日本のそのような政治の中で、長い間、安全規制に携わり、官僚の思考法の問題点が何であるか分かっていたにもかかわらず、放置していた自身の責任も、同じくらい大きいことに気づかないのだろうか？

「残念なことに、建設から今日まで四〇年という多大な時間が、この技術進歩を取り入れないまま無為に流れていました。指針の注意書き、多様性要求を十分に取り入れなかったのは東京電力の責任です。そのミスに気付かなかったのは規制当局の怠慢です。両者ともに責任を負うべき問題です」（二七八頁）とありますが、くり返しになりますが、石川さんは、日本のそのような社会で長い間、安全規制に携わり、問題点が何であるか分かっていたにもかかわらず、放置していた自身の責任も、同じくらい大きいことに気づかないのだろうか？

「防潮堤は薄利多害の金喰い構造物、安全の名を冠するに値する代物ではありません」（二九二頁）とありますが、いまできることは、そのくらいのことで、保守的根拠が何であるか不明確であるものの、誰ひとり、否定しないでしょう。この本に流れている石川さんの思いは、安全規制が自身の手から離れてしまったさびしさと苛立ちであることが、読み取れます。

「残念なことに、建設から今日まで四〇年という多大な時間が、この技術進歩を取り入れないまま無為に流れていました。指針の注意書き、多様性要求を十分に取り入れなかったのは東京電力の責任です。そのミスに気付かなかったのは規制当局の怠慢です。両者ともに責任を負うべき問題です」（二七八頁）とありますが、くり返しになるが、石川は、日本のそのような社会で長い間、安全規制に携わり、問題点が何であるか分かっていたにもかかわらず、放置していた自身の責任も、同じくらい大きいことに気づかないのだろうか？

「今、新規制基準で行われている規制は活断層規制で、原子力安全規制ではありません。その前の原子力安全・保安院が実施していた規制は、品質保証の細部にこだわった規制で、誤字脱字規制とあだ名をつけられていました」（三〇一頁）とありますが、これもくり返しになるが、石川は、日本のそのような社会で長い間、安全規制に携わり、問題点が何であるか分かっていたにもかかわらず、放置していた自身の責任も、同じくらい大きいことに気づかないのだろうか？

三一三頁で議論していることに欠けているものは、ＢＷＲ原子炉建屋の構造。最上階には、使用済み燃料が、数百体から千数百体も貯蔵される使用済み燃料貯蔵プールが設置されており、その天井を見れば、厚さ六㎜の鉄板を溶接したものです。大型航空機どころか、大型ヘリが落下しても、壊れてしまうくらいの強度しかありません。石川さんは最も大きな論点を意識的に隠しました。それは質の悪い素人だましの手口。

以下、総合評価。

以上、石川さんは、第一部と第二部で、四六の図表をつけ、解説しましたが、参考になったのは、第一部の酸化被膜の影響と第二部の昔の機器の性能と配置だけで、良くないと感じたのは、住民の被曝と避難に対する後知恵の展開。私が、ここに、示した検討項目は、主なものだけで、細かく指摘したならば、この一〇倍にも達します。

4　苛酷炉心損傷事故炉の廃炉の不果実性

世界で、本格的に、原子力開発を開始してから、すでに、七〇年になります。世界では、これまで、非常に多くの原子力施設が、廃止措置となり、閉鎖管理や解体撤去されました。これまで、苛酷炉心損傷事故を起こした代表的な商業用原子炉は、発生順に、スリーマイル島原発二号機、チェルノブイリ原発四号機、福島第一原発一〜三号機です。通常停止の原発の廃止措置については、特に、解体撤去について、複数の研究機関の評価や解体撤去実施例から、その技術と費用と期間は、

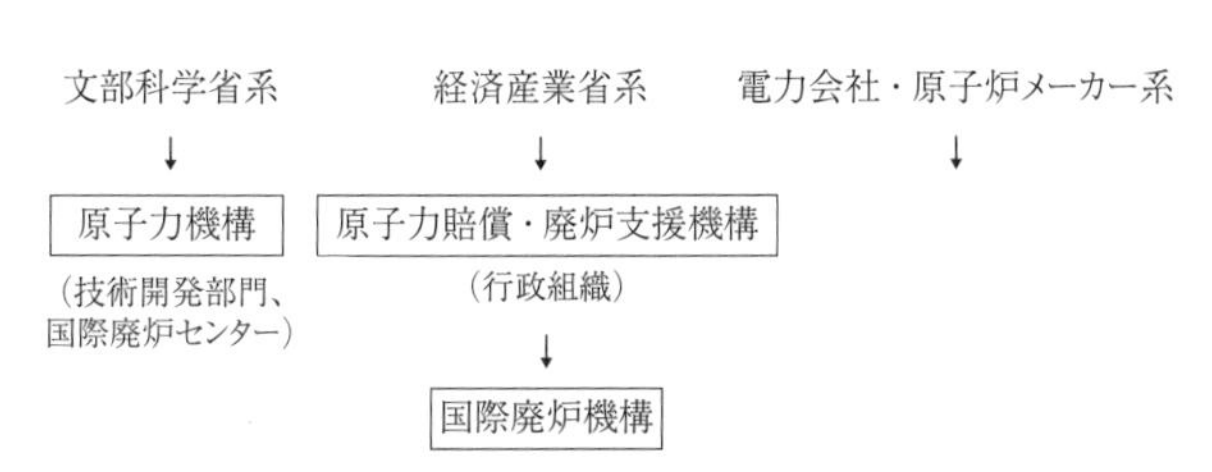

図6　国家的視点からの廃炉推進組織の構造化

比較的良く分かっています。しかし、苛酷炉心損傷事故炉の解体撤去例は、世界に存在しないため、良く分かっておらず、福島第一原発一～三号機の解体撤去が、世界初の事例となります。

いま、日本では、通常停止炉と苛酷炉心損傷事故炉の解体撤去が、進められています。前者は、東海原発（黒鉛炉）、「ふげん」（重水炉）、浜岡原発一～二号機（軽水炉）、福島第一原発四～六号機、後者は、福島第一原発一～三号機（軽水炉）です。そのための政治的・技術的組織が設置され、確実で、効率的な作業が実施できるような環境作りがなされています。浜岡原発や福島第一原発の例では、技術や経験を国際的に共有するため、複数の国際廃炉センターが設置されています。解体撤去の実施に当たり、国家的視点から、廃炉推進組織を構造化すれば、図6のようになります。

苛酷炉心損傷事故炉の解体撤去例がないため、

確実な技術・費用・期間の推定は、単純でなく、正確な表現をすれば、すべて、暗中模索・試行錯誤にあると言えます。いくぶん厳しい評価をすれば、建設費並みの費用と完了までに半世紀も要するでしょう。まだ、スタートラインに立っただけで、本格的な作業は、これから本格化し、大きな不確実性の中にあります。

第Ⅴ章　結論

本書における重要な結論は以下のとおりです。

(1)原発の安全性についての考え方、特に、自然現象に対しては、三・一一以前とまったく同じで、抜本的な改善がなされていません。原発再稼働前に再検討すべきです。

(2)原発のオペレータやエンジニアは、通常運転時には、曲がりなりにも対応できるものの、事故時など、重要な安全系が作動する事態に対しては、動特性の理解の欠如など、対応できていません。それらは、特定の事業者のみならず、横並び主義の日本では、すべての事業者に対して言えることである。心材育成と教育訓練が必要です。

(3)緊急時マニュアルの記載法が良くないため、瞬時に、全体が把握できないため、全体のフローチャートや動特性図表など、ひとめ見れば、全体が分かるような記載法に改善すべきです。

(4)原子力エンジニアなどの調査力や判断には、間違いが多く、信頼に値しない。元原研研究者(田辺文也さんや石川廸夫さんなどの理解力が低く、国民の原子力に対する信頼喪失の一因になっており、もっと、深い理解と慎重な社会対応が必要です。

(5)各種事故調の調査力や判断は、検討が浅く、特に、国会事故調のように、明確な工学的根拠がないにもかかわらず、「可能性の示唆」というごまかしをしており、信頼に値しません。今後は、事故調の委員の人選に、もっと注意すべきです。

(6)政府・専門組織・事業者とも、危機管理能力が欠如しています。制度・指揮命令系統・対応法を再検討すべきです。

(7)石川さんによる苛酷炉心損傷事故時の炉心の状態についての仮説は、考え方としては、参考になりますが、プラントデータから判断し、福島第一原発一〜三号機すべての事象で成立しているわけではなく、単純に受け入れるべきではありません。

(8)苛酷炉心損傷事故炉の解体撤去は、世界に例がなく、大きな不確実性があります。

(9)世界に公表されている低線量リスク疫学調査の結果には、似て非なるものは、存在するものの、信頼できる例は、ひとつもありません。

(10)高人口密度地帯や大地震地帯に立地する原発には理想的には予防原則の適用です。

あとがき

私は、本書で、懸念事項をすべて、調査・考察し、体系化したわけではありませんでした。ひとつだけ大きな問題を残しています。

それは、大きく言えば、人類は、バックグラウンド放射線の影響をどのように受けてきたのだろうかということです。低線量被曝に対し、プラスの影響があったのか、それとも、マイナスの影響のみだったのかということです。被曝は、どんなに微量でも危険というのは、政治的運動論の世界のことで、科学的には、断言できません。世の中は、分からないことに対し、保守的評価法の採用や予防原則の適用に徹しているだけなのでしょう。

文献調査をしてみましたが、信頼できるものは、ひとつも存在していませんでした。おそらく、私と同じような問題意識から、調査・考察していたのであろうと推察される作品が一冊だけありました。それは近藤宗平『人は放射線になぜ弱いか――弱くて強い生命の秘密』（講談社、一九八五）です。

その作品は、前半は比較的よく考察されていますが、最後の人類の歴史的経緯と影響の考察が、まったく、なされておらず、おそらく、考えなければならない歴史的経緯のスケッチのみで、それ以上の目的とする具体的な考察には、至っていません。おそらく、できないのでしょう。しかし、私は、今後も、継続的に調査・考察します。

誰しも、被曝には、十分、注意しているものの、原発事故などによる汚染食物以外には、意外と不注意なように思えます。特に、医療関係や飛行機を利用した旅行による被曝には不注意です。人体の局所的ではあるものの、骨折部エックス線撮影、歯並びエックス線撮影、胸部エックス線撮影、成人病検診における胃のエックス線撮影、ＣＴ検診、人工放射能や加速器からの放射線による医療など。日本の医療制度では、治療ごとの治療部位と被曝量の記録が、被曝手帳などにより、統一的に、管理されていません。その場しのぎの無責任体制のままです。

国際線の客室乗務員の機内勤務日数は、高所での宇宙線による被曝量で管理されており、年間被曝量は、原発定期点検時のひとり当たりの平均被曝量に匹敵する二mSvにも達しています。

国際宇宙ステーションでは、宇宙線のみならず、太陽フレアによる瞬間的大量被曝が発生するため、宇宙飛行士の滞在期間は、健康状態に影響することから、被曝量など、あらゆる要因を総合的に考慮して決められていますが、私の文献調査と宇宙開発機構への質問に拠れば、約一〇〇〜一五〇mSvです。

世界の宇宙開発機関は、これまでの低線量被曝研究の結果を考慮し、ぎりぎり、達成可能な滞在期間を決めています。私は、宇宙開発機構に、世界の宇宙飛行士の被曝量とその後の今日までの健康状態について質問してみましたが、個人情報を理由に非公開扱いにされてしまいました。

誰しも、宇宙飛行士にあこがれ、やがては、人類が、宇宙旅行のみならず、宇宙基地を設け、そこに、移住できることを夢見ているのでしょうが、遮蔽不可能な超高エネルギー放射線の存在など、被曝量が多くて、難題山積です。

健康影響や健康リスクは、主に、生活環境・飲料水・食品・治療薬によりますが、そのうち、特に、水道水の塩素、食品の保存剤・添加物や放射能汚染の影響が支配的であり、放射能汚染だけに注意しても、無意味であり、それらの影響割合は、コンパラになっており、全体に注意し、低減しなければなりません。世の中の議論では、放射能汚染のみであり、科学的にバランスの取れた評価と判断ができていません。

福島第一原発事故は、軽水炉で現実的に考えられる最大の事故ではありませんでした。最大の事故は、原子炉格納容器が壊れ、放射能の大放出につながるものです。事故初期の政府や地方自治体の住民避難対策は、マクロに見れば、決して、失敗しておらず、突発的な事故にもかかわらず、致命的事故に進展する前に、住民の大部分を避難させたことは、評価できます。ただし、ミクロに見れば、問題山積でした。政府は、国際被曝基準を基に、緊急時（二〇～一〇〇㎜Sv）と復興期（最大二〇㎜Sv）の年間被曝線量に対し、二〇㎜Svとしたのは、特に、緊急時については、やむを得ないでしょうが、復興期については、一桁くらい高いように思いました。

私は、今後、福島第一原発事故で被曝したすべての人達の被曝量と健康状態の追跡調査の結果の調査・考察を継続してゆきます。チェルノブイリ原発事故での影響評価においては、何が真実で、何がそうでないのか、まだ、明確に、分かっておらず、科学的視点から、文献の取捨選択をして、考察しなおします。

本書には、低線量被曝リスクについて、知り合いのひとりである今中哲二さんとのメールのやり取りから得られた知見も反映しました。特に、これまで公開されているいくつかの代表的な低線量被曝リスク疫学調査結果の解釈については、立場や解釈の相違から、厳しい問題提起もしました。

二〇一五年九月一四日（六九歳の誕生日に）

桜井　淳

参考資料

NHKスペシャル「メルトダウン」取材班『福島第一原発事故七つの謎』(講談社新書、二〇一五)の感想

桜井による「信頼性総合評価」

NHK取材班は、三年以上にわたり(取材先約五〇〇人)、五つのNHKスペシャル「メルトダウンシリーズ」を製作しました(三頁)。桜井の四半世紀前の経験(NHKスペシャル取材班のひとりとしてロシアのクルスク原発に一週間取材)に拠れば、ひとつのNHKスペシャルの製作費は、当時で、約三〇〇〇万円ですから、「メルトダウンシリーズ」では、少なくとも、一・五億円、四半世紀間の貨幣価値の変化を考慮すれば、現実的には、約二億円(取材班全員の人件費推定二億円と不払いだが取材先への謝礼約一億円相当まで含めれば総額五億円の税金を注いだ成果)にも及ぶものと推定されます。それで極上のものができないはずはありません。

NHK取材班の調査手法と記載内容は、工学的根拠に基づく伝統科学に拠るものであり、つぎ込んだ制作費に値するオリジナリティと信頼性があり、福島第一原発事故関係の書籍を仮に、A、B、C、D、Eとランク分けすれば、Aランクに位置づけられ、さらに、仮に、Aランクを++、+、〇、-とクラス分けすれば、数少ないA++クラスと位置づけられます。

NHK取材班は、各事故調が見逃した未検討問題についても、専門研究者(エネルギー総合工学

研究所の内藤正則（苛酷炉心損傷事故計算コードSAMPSONの開発者のひとりとして極めて重要な位置づけ）と内田俊介、その他）の協力と助言の下に、確実な実験（イタリアのSIET装置）を基にした検証に拠り、解明しています。部分的に、各事故調報告書より高いレベルの記載内容もあります。それどころか、元原研研究者（阿部清治と田辺文也と石川廸夫）や元京都大学研究者（小出裕章と今中哲二）や元原子炉メーカーエンジニア（田中三彦や後藤政志など）の著書よりもはるかに信頼性が高く、調査手法と記載内容においても、原研や東京大学などのその分野の専門研究者をしのぐ出来栄えです。桜井はNHK取材班のことを「資金豊富な隠れ事故調」と位置づけています。桜井は「頭だけ頼りのひとり事故調」。

NHK取材班は信頼できる専門研究者の組織化に成功しました。ありえないような現実ですが、元原研研究者や元京都大学研究者や元原子炉メーカーエンジニアの完敗です。改めて、NHK取材班（彼らの大部分は文科系出身）の基礎力と解明のための方法論の確実さを痛感しました。

本書では、初心者のために、基礎的施設図や機器構成CG図や可視化図を多く挿入し、一切のごまかしのない、かゆいところに手の届くようなていねいで分かりやすい表現をしており、専門研究者が分かり切ったこととして、省略してしまうことまで省略せず、読者の立場で表現しています。これほど分かりやすい本も珍しいのではないだろうか。

桜井は、NHK取材班の解釈と結論が理想的とは受け止めていませんが、大部分は、そのまま受け入れられ、部分的には、工学的解釈の「間違い」や「こじつけ」や「推論」に対し、違和感を覚えないわけではありませんが、極めて、良い出来栄えと位置づけています。

桜井は、以下、NHK取材班が各章に掲げた「七つの謎」について、工学的根拠に基づく伝統科学に拠り、約五〇箇所の関係ページを具体的に示し、批判的に、その信頼性を検討してみます。NHK取材班には、大変、失礼ですが、自身の技術論に忠実に、誰にも遠慮せず、自由にやりたいと思いますので、ご容赦ください。

なお、桜井は、三・一一以降、インタビュー三〇〇件、執筆依頼を受けた著書二〇冊をこなし、その過程で、各事故調報告書の検討、特に、東京電力事故調査報告書「福島第一原子力発電所 東日本太平洋沖地震に伴う原子炉施設への影響について」（二〇一一・九〈改訂版二〇一二・五〉）を数十回読み直し、東京電力に対し、正式ルートで、約二〇〇件の質問、さらに、福島第一原発と福島第二原発と柏崎刈羽原発の見学と調査を実施しました。それでも、事故が事故だけに、分からないことが、少なくありません。

論点整理と信頼性評価

第1章　一号機の冷却機能は、なぜ見逃されたのか？

「一号機のメルトダウンをなんとか防げばその後の展開は大きく変わったと言える」「その鍵を握っていたのが非常用の冷却装置、ＩＣ（非常用復水器）への対応だった」」（一三頁）とありますが、それに続く作動状況への疑問については、やや、違和感を覚えました。NHK取材班は東京電力が公開したIC運転記録の意味が理解できていません。

ICというのは、Isolation Condencerの略で、直訳すれば「隔離時（蒸気）凝縮器」となります。それをなぜ非常用復水器と表現したかと言えば、正常時に、タービン・復水器へ流れる蒸気が、何らかの原因によって、復水器故障となった場合、タービンバイパス「開」で対応できないため、主蒸気隔離弁「閉」とし、その時、原子炉圧力が異常上昇するのを防ぐため、原子炉蒸気を冷却・凝縮して水に戻し、原子炉圧力を低下させる機能を担うのが、ICで、「復水」の語源の根拠です（公開されたすべての資料の中でこのことを解説したのは日本原子力学会編「事故調報告書」のみ）。NHK取材班は、当たり前のこととして、何も考えず、単純に、受け入れてしまいましたが、用語の意味まで考えなければ、単なるお猿の電車のお猿さん的対応に過ぎません。

「吉田以下免震棟の幹部は、津波で電源が失われた一号機は冷却装置が動かなくなっていたが、ICだけは、機能が維持されていると考えて、事故対応に当たっていた。ところが、後の政府事故調や東京電力の調査で、一号機のICは、津波直後から動いていないことが判明する」（二四頁）とありますが、NHK取材班は、解釈ミスしています。地震直後、自動的に、原子炉スクラム、主蒸気隔離弁「閉」、原子炉圧力上昇、AとBの二系統のIC作動となったものの、運転員は、ICの運転遵守事項（圧力六〇～七〇気圧、冷却率五五／h）を厳守するため、過冷却防止を意図してB系統停止し、圧力の下がり過ぎたA系統（四五気圧）の圧力回復のため、手動停止、原子炉圧力が約七〇気圧に戻った際、IC手動起動、手動による停止・起動を計三回くり返し、三回目の停止操作後、津波到来に拠り、電源喪失となりました（この文章内の事実関係は東京電力事故調査報告書「福島第一原子力発電所　東日本太平洋沖地震に伴う原子炉施設への影響について」二〇一一・九の添付7－9と添付7－11に拠る）。ＩＣは、東京電力に拠れば、自動圧力制御機能がありません。添付7－9の「停止・起動計三回くり返し」をよく見れば、起動圧力がすべて異なっており、手動操作であったことが読み取れます。よって、運転員は、ＩＣが停止状態のままであることを認識しており、そのことを直長に報告したのか、しなかったのか、直長が報告を受けていて、免震棟に報告しなかったのか、分かりませんが、作動状況の未確認問題は、意外と単純であって、連絡ミスに起因するもので、ＮＨＫ取材班が、推論（一五頁）を重ねるほど複雑なものではありませんでした。

ＩＣは、日本の原子炉では、ＪＰＤＲと敦賀一号機と福島第一一号機のみしか設置されていません。めったに必要としない装置であるため、運転員は、作動状況の経験がなく、福島第一一号機の事故時運転記録と国会事故調聞き取り調査対応の運転員証言から分かることは、動特性すら理解できていませんでした（拙著『日本「原子力ムラ」行状記』『日本「原子力ムラ」惨状記――福島第1原発の真実』）。日本では、原発運転中、ＩＣ作動確認試験を実施していませんでしたが、米ナイン・マイル・ポイント原発では、数年に一度の割合で（五二頁）、定期的に、作動確認試験をしており、本書には、原子炉建屋の噴出口から、勢いよく大量に噴出する蒸気のようすを示す写真が掲載されています（三三頁）。米国では、そのような確認試験が、社会的に、許容されていますが、日本では、住民感情を優先し、できず、そのことが、かえって、マイナスになってしまいました。

日本で利用可能な苛酷事故炉心損傷計算コードには、米電力研で開発された電力利用者を想定したMAAP（今回、東京電力利用）、米原子力規制委員会が米サンディア国立研究所に委託した規制利用者を想定したMELCOR（今回、原子力基盤機構利用）、原研が開発したTHALES（今回、利用者なし）、原子力発電機構が開発したSAMPSON（今回、エネ総研と原子力学会事故調利用）があり、NHK取材班は、SAMPSONとその開発者のひとりの内藤正則さんに、全面的に依存しています（四四、四九、一一六頁など）。原研が開発したTHALES（苛酷炉心損傷事故計算コード Thermal Hydraulic Analysis of Loss-of-coolant, Emergency core cooling and Severe core damage）が今回のような社会状況下においても利用されないというのは、いかなる理由があるにせよ、社会的には、許容されないことです。事故発生初期の段階では、原研で開発された放射能拡散予測計算コード（SPEEDI：System for Prediction of Environmental Emergency Dose Information）が役立たず、その後の原子力規制委員会の方針では、事故時予測は、測定値中心主義とし、SPEEDIは、サブ的位置づけに格下げされました。原研で開発したTHALESやSPEEDIは、なぜ、いざという時に、役立たないのか、厳しく追求してゆかなければならない。

第2章　ベント実施はなぜかくも遅れたのか？

専門研究者は、認識していましたが、事故後、「ベント」という用語が、当たり前のように使われていました。ベントという英語はありません。正式には、ベンチレーション（ventilation「排気」の意）のことで、最初の四文字で略し、ベント（vent）と表現しているにすぎません。マスコミは、原子炉圧力容器の圧力低減操作も原子炉格納容器の圧力低減操作も、どちらも、ベントと表現していたため、国民は、混乱したと思いますが、前者は、「原子炉ベント」、後者は、「格納容器ベント」と、区別して、表現した方が、良いでしょう。

一号機のベントの遅れをもたらした最大の要因は「放射能の壁」（七〇頁）としています。確かにそうでしょう。原発は、全交流電源喪失事故（station black out：ＳＢＯ）を想定した設計になっておらず、なおかつ、今回の事故では、津波により、最後の命綱的機能の直流電源も喪失したため、もはや、なす術もない状況下での対応でした。その上、原子炉ベントとメルトダウンによる原子炉格納容器内放射能に起因する原子炉建屋内の作業空間における異常に高い放射線線量率にさいなまれ、現場作業にも限界がありました（七一～七三、七八～八八頁）。ベントが、予定どおり、実施できないのは、当然のことでした。原子炉建屋内（原子炉格納容器外）に設置してあるベントバルブの開操作のため、サプレッションチェンバー室に入った運転員が確認した空間線量率は、九〇〇～一〇〇〇㎜Sv／hにも達しており、目の玉が飛び出るくらいの値でした（二〇一一年三月一二日九時四分直後）。そのような決死隊の作業により、ベントが実施されました。電源が生きていれば、中央制御室からできる非常に簡単で単純な操作でした。電源喪失は、現場のすべての関係者に、特に、現場作業に携わった運転員などに、天国と地獄ほどの差をもたらしました。

一号機の原子炉建屋内の放射線線量率の時系列から読み取れることは石川仮説（元原研・元北海道大学の石川廸夫さんが提案した仮説で、高温になった燃料棒被覆管は、ジルカロイ－水蒸気反応で脆くなるものの、燃料被覆管の内外面に強度の高い酸化膜が形成されるため、早い時期にメルトダウンせず、そのままの炉心形状を維持し、炉心崩壊したのは、消防車で炉心に冷却水注入したためであるという解釈）が成立しないということです。石川仮説は、原研ＮＳＲＲなどで観測された特別の条件下で成立するもので、原発では、一般的に、成立しないというのが、原子力界の最近の認識です。

第3章　吉田所長が遺した「謎の言葉」ベントは本当に成功したのか？

吉田昌郎所長は、国会事故調からの聞き取り調査に対し、「（二〇一一年三月一二日一四時三〇分（一号機の）ベントができたかどうかの自信は、僕はありません」（九七頁）と証言しました。工学的に、普通に、考えれば、一号機の原子炉格納容器の圧力がその時刻に急降下していれば（東京電力事故調査報告書「福島第一原子力発電所　東日本太平洋沖地震に伴う原子炉施設への影響について」二〇一一・九の添付7－59に拠る）、ベント有効との証拠になると解釈できます。しかし、吉田さんは、それは直接的証拠にはならず、排気塔の放射線線量率の測定値の変化のみ直接的証拠と位置づけ、その測定値が、電源喪失により、記録されていないため、決定的証拠がないと解釈していました（九七〜九九頁）。いくつかの状況証拠からベントは成功していたと解釈できます。

ＮＨＫ取材班は、直接的証拠を探すため、福島県が福島第一の周辺二六箇所に設置していた放射線モニタリングポスト（ＭＰ）の測定記録の調査をしました（一〇〇〜一〇一頁）。地震や停電のため、大部分のＭＰ測定記録が利用できず、唯一、福島第一から北西五・六㎞の双葉郡上羽鳥のＭＰ記録から一・六㎳／ｈの値が読み取れました（一〇一頁）。ベント時刻と風速と風向きからベントによるものであることが確認されました（一〇六、一〇九頁）。それは、目の玉の飛び出るような値で、原子力施設の放射線管理区域でも、それほど高い区域は、稀です。サプレッションチェンバーの水中を経由した蒸気は、放射能が水に吸収され、放射能濃度が一〇〇〇分の一に減少しますから、ベントにより、その放射能が、双葉郡上羽鳥のＭＰに記録されれば、〇・〇〇六mSv／h（一〇四～一〇五頁のデータを基に桜井が分かりやすい数字に換算）となるはずですが、実際には、その一〇〇倍（一〇四頁）にも達しており、ベント機能が低下したための結果と解釈しました。

ＮＨＫ取材班の着眼点は、すばらしく、ついに、直接的証拠を捕まえました。予想より放射線線量率が高いことは、福島第一一号機のプラントデータの中の原子炉格納容器サプレッションプール温度から（東京電力事故調査報告書「福島第一原子力発電所　東日本太平洋沖地震に伴う原子炉施設への影響について」二〇一一・九の添付7‐60に拠る）、容易に理解できることでした。電源が正常であれば、サプレッションプールの水温は一定に維持され、放射能除去効率は高いはずですが、冷却機能がなく、プール水温度が異常に高くなると（上記の添付7‐60に拠れば、一〇〇℃を超えていた）、放射能除去効率が低下することは、常識的なことで、不思議なことではありません。ＮＨＫ取材班は、専門研究者の協力の下（桜井による最初の総合信頼性評価の項目の関連記載内容参照）、大型実験装置（イタリアのＳＩＥＴ装置、一一一～一二〇頁）での可視化実験を通し、メカニズムの解明と定量的評価に成功しました。原子力機構が率先してやるべき実験と研究でした。原子力機構はＮＨＫ取材班に劣る怠け者集団。

第4章　爆発しなかった二号機で放射能法大量放出が起きたのはなぜか？

ＮＨＫ取材班は、「ＲＣＩＣ（非常用冷却装置）」（一三二頁）と記していますが、そのような漠然とした素人表現ならば、数多くある他の装置もみなそのような表現になってしまい、他の機能と異なる特徴的な表現として、正式な「原子炉隔離時冷却系」と記すべきでした。ＲＣＩＣは、タービン（原子炉からの高圧蒸気で回転させ、使用済み蒸気は、サプレッションプールに流す）とポンプ（回転軸がタービン軸と連結しており、タンクかサプレッションプールの冷却水を原子炉内に注入）で構成されています。

福島第一からの放射能放出量のユニット別内訳は、東京電力が実施した計算による推定では、「一号機から全体の二割程度、二号機から四割強、三号機から四割弱」（一三〇頁）で、特に、二号二号機からが多かった。なお、時系列に沿ったユニット別・核種別の計算とＭＰ測定値を基にした放射能放出源は、東京電力編「福島原子力事故調査報告書」（二〇一二・六）の二七七頁に記されています（ＭＰ測定値の時系列図は同文献の二七八頁）。しかし、どの機器の部位から漏れたのかまでは分かっていませんでした。

ＮＨＫ取材班は、流体・タービン・ポンプの専門研究者の協力の下に、二号機のシステム図を詳細に検討し、原子炉格納容器外の原子炉建屋内に設置されていたＲＣＩＣに着目し、放射能を含む蒸気が漏れる可能性のある部位の分析をしました（一四六〜一五二頁）。その結果、タービンの軸からの可能性が高まり、タービンを模擬した実験装置を利用して、実験してみました。電源が正常であれば、軸封部には、外側から高い圧力が加わり、蒸気は漏れないようになっていましたが、電源喪失で、その機能が喪失してしまい、漏れの原因となりました（一四七頁）。

しかし、ＮＨＫ取材班は、勘違いしており、確かに、ＲＣＩＣ軸封部からの蒸気漏れはあったのでしょうが、二号機の支配的放射能放出源は、他にあり、そのことは、事故調査報告書「福島第一原子力発電所　東日本太平洋沖地震に伴う原子炉施設への影響について」（東京電力編、二〇一一・九）の添付８－58、さらに「福島原子力事故調査報告書」（東京電力編、二〇一二・六）の二七八頁のＭＰ測定値時系列図から読み取れます。支配的要因は、二〇一一年三月一四日六時一四分の原子炉格納容器損傷（未解明問題）と推定されている事象が発端でした。

ＮＨＫ取材班は二号機の「思わぬ地震の影響」（一五三～一五六頁）について考察しています。「思わぬ地震の影響」とは、二号機サプレッションチェンバーのベント用ＡＯ（Air Operation）バルブを作動させる高圧窒素配管（原子炉建屋からタービン建屋までの七〇ｍにわたる耐震設計Ｃクラス〔一五四頁〕の小口径配管）の地震による破損の「可能性の示唆」です。ＮＨＫ取材班は、一号機と三号機では、それの作動に成功したものの、二号機では、失敗したため、原子力基盤機構の高松直丘さんの「配管損傷の可能性は否定できないと思います」（一五五頁）というコメントを重要視しました。それは、国会事故調の常套手段のひとつの工学的な直接的証拠のない「可能性の示唆」にすぎません。「可能性の示唆」以上の断言をしたならば、工学的根拠のない主張となり、ウソの世界になります。

初歩的事項であるため、ＮＨＫ取材班も、高松さんも、気づいていると思いますが、同様の条件の配管は、どの原発にも数多く設置されており、これまで、新潟県中越沖地震に震災した柏崎刈羽一～七号機でも、三・一一に震災した女川一～三号機でも、福島第一五～六号機（一～四号機は原子炉格納容器内の点検ができない状態）でも、福島第二一～四号でも、東海第二でも、点検の結果、破損例は、発見されていません。特に、ＢＷＲは、ＳＣＣ対策として、ステンレススチール配管は、大小口径とも、取り換えてありますので、老朽化ということもなく、偶発的な製造時傷や施工時欠陥を想定しなければ説明できないことです。ＮＨＫ取材班の、自己主張に好都合なように、いとも、簡単に、配管破断につなげる推論は、元原子炉メーカーエンジニアの常套手段と同じで、受け入れがたいほどいかがわしい手法です。

第5章　消防車が送り込んだ四〇〇トンの水はどこに消えたのか？

三号機では、消防車から炉心に、計四〇〇ｔの冷却水が注水されましたが、炉心には、その約一〇分の一しか届いていませんでした（一七〇頁）。各事故調はその問題に触れませんでした。ＮＨＫ取材班は、独自に入手した内部資料を基に、その原因が何なのか、原子力・流体・システム（配管計装線図）に詳しい六名の専門研究者の協力の下（一七九頁）、原因を突き止めました。疑問の発端は三〇〇〇ｔの容量を有する復水器（通常は底にわずかしか残っていない）が満水になっていたことでした。ＮＨＫ取材班は、注入配管から復水器に漏れるルートがあるはずだと考え、専門研究者たちといっしょになり、配管計装線図をたどると、意外な事実が分かりました。電源が正常であれば、機能するはずの部位が機能せず、そのため、漏れるはずのない復水器の方向の配管に、冷却水が漏れていました（一八二〜一八五頁）。ＮＨＫ取材班は、その模擬実験をまたもイタリアのＳＩＥＴ装置側に依頼しました。可視化された実験装置を利用し（一九八〜一九九頁）、当時の圧力バランスから、注入水は、原子炉側に四五％、復水器側に五五％、分流されていました。半分以上も漏れていたことになります。ＳＡＭＰＳＯＮの計算結果に拠れば、原子炉に七五％注水されていれば、炉心冷却が継続できたことになります（一九一頁）。

原発は、ＳＢＯを想定した設計になっていないため、先に記したＲＣＩＣのタービン軸からの蒸気漏れにしろ、右記の件にしろ、機能しない部位が生じるため、意外なルートから、蒸気漏れや漏水が発生することが分かりました。それは経験してみなければ分からないことではありませんでした。致命的欠陥は、日本では、苛酷炉心損傷事故が発生しないとして、対策も訓練もしていなかった原子力界の異常体質です。

第６章　緊急時の減圧装置が働かなかったのはなぜか？

原子炉の減圧法としては、基本的優先装置として、主蒸気管に、複数、設置されている安全弁（ＳＶ、原子炉圧力が規定圧力以上に達すると、バネ式でバルブ「開」）と逃し安全弁（Safety Relief Valve：ＳＲＶ、安全弁機能と任意圧力でのバルブ「開」のできる二刀流）の利用で（東京電力事故調査報告書「福島第一原子力発電所　東日本太平洋沖地震に伴う原子炉施設への影響について」二〇一一・九の添付7－34、8－31、9－29）、その他にも、結果的に減圧できる装置は、ＩＣやＲＣＩＣやＨＰＣＩです。一～三号機では、消防車から原子炉に注水するため、原子炉圧力を下げる目的で、ＳＲＶの作動を意図しました。しかし、それを任意の原子炉圧力で作動させるには、一二〇Ｖ直流電源（電池）とＳＲＶピストンを押し上げる高圧窒素ガスが必要となります。津波で直流電源も喪失したため、運転員は、自動車の一二Ｖバッテリーを外し、それを一〇個直列（二二四頁、最初一〇個並列にしていたと記されている）につなぎ、利用しましたが、うまく作動しませんでした。試行錯誤の結果、一号機と三号機のＳＲＶの作動に成功しましたが、二号機では、失敗しました。

ＳＲＶの作動環境について、東京電力関係者は、重大なことを見落としていました。ＮＨＫ取材班は、バルブメーカーや元東芝エンジニア（宮野廣さん、一八二頁）の協力の下、ＳＲＶの作動メカニズムを検討した結果、作動条件は、「直流電源の有無」「高圧窒素ガスの有無」だけでなく、「原子炉格納容器内圧」も影響し、特に、前二者がそろっても、三番目の条件によっては、背圧の影響で、作動しないことが分かりました。通常の原子炉格納容器内圧でのＳＲＶ駆動高圧窒素ガス圧力では、作動せず、原子炉格納容器内圧という背圧（二二七頁）よりも、さらに、数気圧も高くしておかなければならないことが分かりました。当時、東京電力関係者は、そのことに気づきませんでした。二号機ＳＲＶ不作動の原因は背圧より数気圧高い高圧窒素ガスを供給することに気づかなかったためです。一～三号機の原子炉格納容器内圧（ＳＲＶの背圧）は東京電力事故調査報告書「福島第一原子力発電所　東日本太平洋沖地震に伴う原子炉施設への影響について」（二〇一一・九）の添付7－59、8－58、9－48）から読み取れます。

第7章 「最後の砦」格納容器が壊れたのはなぜか？

ＮＨＫ取材班は、この問題について、まだ、情報が少ないため、推定の範囲に留まり、十分な考察ができていません。未解明問題のひとつは、汚染水問題との関係で、一～四号機原子炉格納容器損傷原因・メカニズムと地下水流入原因・メカニズムです。桜井は、汚染水経路の解明のため、見学が可能な福島第二の原子炉建屋とタービン建屋の地下一階の貫通部のスリーブ構造を調査し、ある程度、推定できますが、工学的な直接的証拠がないため、断言を控えています。当然ですが、ＮＨＫ取材班も、何も語っていません。

一般論ですが、軽水炉の最大級事故（原子炉格納容器大破壊）は、米原子力委員会編「reactor safety study」（WASH-1400〔1975〕）に、詳細に、記されていますから、原発災害については、良く分かっています。福島第一事故後の福島県の直面している諸問題はすべて予測できることです。福島第一事故の一次資料は、各事故調が下敷きにした東京電力事故調査報告書「福島第一原子力発電所　東日本太平洋沖地震に伴う原子炉施設への影響について」（二〇一一・九〔改訂版二〇一二・五〕）と東京電力編「福島原子力事故調査報告書」（二〇一二・六）です。ただし、東京電力報告書には、自身に不都合な真実は、意図的に、隠蔽（福島第一と同様の条件にもかかわらず冷温停止に成功した米ブラウンズフェリー一号機との比較）されています。

今回の事故では、原子炉格納容器（容器内水素爆発を防止するために初期設置時から容器内は乾燥窒素で置換）の大破壊が回避できたため（パッキンやケーブル貫通部の高温損傷、水素爆発やメルトダウン後の影響により部分的に損傷の可能性あり）、破滅的大放射能放出は、防止できました（軽水炉最大級事故での放出量の二〇分の一～三〇分の一程度）。

東京電力は、一号機の原子炉建屋内に現場観測用小型ロボットを挿入し、原子炉格納容器外、特に、サプレッションチェンバー外面の損傷箇所の確認を行いました（二四四頁）。その結果、これまで、サンドサクションドレン管（原子炉格納容器底部の結露水などを流す小口径配管）の途中に漏洩があることが分かりました（二四一頁）。NHK取材班の依頼により、内藤さんは、その原因を推定するため、SAMPSONで、メルトスルー溶融物の量と分布を計算し、高温の溶融物が近くの原子炉格納容器を加熱し、「原子炉格納容器が五五〇℃に達した場合に、降伏応力・引っ張り応力を超える」とし、漏水するほどの大きさの亀裂発生が生じたのではないかと推定しました（二四九～二五四頁）。降伏応力を超えれば、即、破損というわけではなく、その後の塑性変形での強度維持は、大きく、単純な議論は、できないと思います。よって、内藤説は、ひとつの仮説に過ぎません。NHK取材班は、三号機についても、損傷個所を記していますが、その箇所と意味を理解できておらず、そのまま、受け入れられるレベルの信頼性ではありません（二五五～二六五頁）。

NHK取材班は現行冷却水システムを理解できていません。一～四号機は、一定量の汚染水をシステムに循環しています。一～四号機で、地下水が、一日四〇〇ｔも流入しており、一機当たり一〇〇ｔとなります。たとえば、一号機の小口径配管からの汚染水と流入地下水がタービン室地下に流れ込み、それを汲み上げて、原子炉に注水しています。原子炉格納容器からの漏水が小口径配管から程度であれば、漏れ量より注水量が多くなり、いまのようなバランスの取れた循環はできません。原子炉圧力容器どころか、原子炉格納容器内が満水状態となり、それどころか、なおかつ注水すると、圧力が高まり、原子炉格納容器の破壊につながりますが、実際には、そのようになっていません。二号機も三号機も同じことです。実際には、一〜四号機とも、サプレッションプールが、大きく破損していて（サプレッションチェンバーの底の方であるため、ロボットでは、確認できない）、そこから大量の注入水が漏れているのではないだろうか。

桜井の「あとがき」

ＮＨＫ取材班は元原子炉メーカーエンジニア（田中三彦さんと後藤政志さん）の工学的根拠なき妄想（地震時のＩＣ配管破断説やサプレッションチェンバー内の水面スロッシング説に拠る減圧効果低下・放射能除去効果低下など）や京都大学助教（小出裕章さんと今中哲二さん）の素人並みの虚言をみごとに打ち砕きました。バイアスなしに、客観的に分析したならば、そのような結果になるのでしょう。ＮＨＫ取材班の真実を浮き上がらせる手法はみごとでした。しかし、確実な判断根拠がないため、推定に推定を重ね、もっともらしくごまかしている記載内容もあり、やや、違和感を覚えました。ＮＨＫ取材班は、まだ、原子炉格納容器損傷の原因とメカニズム（詳細は未解明）、さらに、飯舘村の放射能汚染と放射能放出の時系列について（二〇一一年三月一五日一三〜二〇時頃、風速から考えて、北西方向の大汚染の原因となる大きな放射能放出記録が、福島第一正門近くのＭＰ記録にない、東京電力編「福島原子力事故調査報告書」二〇一二・六、二七八頁）、触れていません。東京電力によるＭＡＡＰ計算結果とメルトダウンやメルトスルーや溶融物位置については、加速器機構研究者が実施した宇宙線ミューオンによる原子炉建屋非破壊検査による直接的観測に拠り、ほぼ、確認されました。それにより、元原研の石川廸夫さんによる、「二号機の炉心には燃料がまだある」との工学的根拠なき主観も、脆くも、崩れました。NHK取材班は「原子力ムラ」のインチ技術とインチキ解説をみごとに打ち砕きました。

世の中は、田中さんや後藤さんや小出さんや今中さんが間違えても、最初からその程度と受け止めているため、あえて、不思議とは思わないでしょうが、元原研の田辺さん（原子炉核熱流動や人為ミス。著書『メルトダウン』に記されているとおり、「二号機炉心水素発生ゼロ」と主張する間違い）と石川さん（軽水炉安全、特に、反応度事故時の燃料挙動。著書『考証 福島原子力事故――炉心溶融・水素爆発はどのように起こったか』（電気新聞協会）に記されているとおり、「事故時被覆管酸化膜強靭性による炉心形状維持」を強調した間違った主張。いわゆる「石川仮説」）が間違えたならば、彼らの在職中に開発した原子事故計算コードや研究成果への信頼性が崩れ、原子力界の崩壊につながります。なぜ、福島第一事故のようになってしまったかと言えば、石川さんなどのような原子力界指導者の不確実な知識と間違った安全規制があったためです。

吉田昌郎さんについて、本書から読み取れることは、原発の建設や運転管理の経験が豊富であり、日本でも代表的な原発エンジニアですが、苛酷事故に対する絶対的知識が欠如しており、的確な事故対応ができていないことです。と言うことは、他の電力会社の原発でも同じことであり、日本では、苛酷事故は起こらないという原子力界の根拠のない思い込みの中で、現実的な苛酷事故知識と対策と社会対応の準備がなかったことが、事故拡大の最も大きな要因でした。

原発再稼働を目的とした原発新規制技術基準は、主に、ハード対策であり、組織力・指揮命令系統・人材・技術力に対する対策は、不問にふしています。

今回の事故で、原研で開発された迅速放射能拡散予測計算コードSPEEDIと苛酷炉心損傷事故計算コードTHALESがまったく役に立たなかったことは、開発目的の曖昧さとできの悪さに起因する本質的欠陥です。今回の事故では、苛酷炉心損傷事故計算コードMAAP、MELCOR、SAMPSONが採用され、THALESは、完全に無視されました。原研の計算コード開発論理と計算コード管理体制の欠陥が露呈しました。

日野行介『福島原発事故 県民健康管理調査の闇』（岩波新書、二〇一三）と日野行介『福島原発事故 被災者支援政策の欺瞞』（岩波新書、二〇一四）の感想

新聞記者（九州大学法学部卒、現在四〇歳）の視点で書かれた取材記録。前者のキーワードは「秘密会」、後者は「被災者支援」で、共通の論理展開は、「秘密」「裏」という悪を設けて、自らの正義の剣をふるうというものです。もっと、客観的視点からの報告も必要でしょう。

茨城県立図書館から借りた書籍ですが、両書の手触りからすると、新しい書籍で、まったく、読まれていないと感じました。

以下、具体的に、検討箇所のページを明記し、批判的に検討します。

前者について

ノートしたページは、ⅳ、四、七、八、九、二〇、二一、四五、四七、五一、六四、七七、八〇、八七、一〇二、一八四でした。特に重要な問題については、「テーマ」を設け、桜井の考え方を以下に記します。

「福島県民健康管理調査」は、事故直後、国でも、福島県でも、検討されていたものの、国と県が調整し合い、国が県に委託し、なおかつ、県が福島県立医学大学に委託するという形式と手順で実現しました（ⅳ）。

著者は、事故直後、放射線医学総合研究所が予定していた被曝県民のインターネット調査について、それが検討された経緯と中断された経緯を記しています（四、七〜八頁）。中断は、初期の混乱であって（一〇〜一一頁）、放医研が実施するよりも、福島県を優先し、日本で一本化する方が筋がとおるためで、問題視するようなことではないように思えます。

県が実施している調査の概要は「基本調査」と「詳細調査」の二重構造（二〇〜二一頁）となっています。

著者が問題視した「秘密会」の様子が記されています（四五〜五一頁）。それを肯定的に位置づけるか、否定的に位置づけるかは、考え方の問題です。歴史的大惨事の中で、調査組織と人選過程と審議内容をすべて透明化する方が良いことなのか、それとも、情報の解釈などをめぐり、誤解や混乱が生じないように、委員の発言範囲と内容について、事前に、調整した方が良いのかは、微妙であり、著者のように単純な断罪は、いかがなものか。「県民は、賢く、すべてを知っていて、誤解や混乱は、生じない」との建前論は、新聞記者の建前論の世界であって、この場合には、通用しないでしょう。

各紙は、「秘密会」の存在を報じ、情報公開の方向に向かう（六四、七七、八〇、八七頁）。

著者は、小出裕章さんの「一mSv絶対遵守論」を過大に評価していますが（一〇二頁）、何も知らないことをさらけ出していて、滑稽にすら感じました。

著者は、福島県に貢献した山下俊一さん（長崎大学理事、事故直後から福島県立医科大学副学長兼「福島県民健康管理調査検討委員会」委員長）に対し、揶揄し（一八四〜一八五頁）、否定するような視点からインタビュー（一七七〜二〇〇頁）をしていますが、名誉棄損で訴えられるような一方的な内容です。

後者について

新聞記者の視点から、自身の考え方や手順でないと間違っているとか、疑念を投げかける手法であり、客観性に乏しく、自己中心の世界を楽しんでいるように感じました。特に、本気になって、検討しなければならないほど価値ある記載は、まったく、ありませんでした。期待外れでした。前作一冊で止めておくべきでした。

桜井の社会背景を考慮した総合評価

歴史的地震や津波や停電や原発全交流電源喪失の中で、さらに、刻々と拡大する事故の中で、リアルタイムの関係各組織の対応は、世界で経験のない大惨事であったため、試行錯誤の連続であったと思います。ぶっつけ本番の対応だけに、国民側も行政側も、頭に描いた理想的なことができず、すぐにできる現実的な対応や対策を施したものと思います。

しかし、すべての発生事項とそれに対する対応の妥当性を後知恵で評価したならば、矛盾や誤りや不十分や欠陥な対応は、掃いて捨てるほどあげつらうことができるでしょう。そのような視点からの批判も可能ですが、後知恵の理想論では、国民側や行政側の不手際を的確に、批判し、将来的な対策を策定することも、不可能なように思えます。

三・一一後の対応を時系列でたどると、特に、福島第一事故の経緯と社会的影響やそれに対する対応や評価については、理想的ではないにしろ、限られた条件内で、良く対応できているように思えます。

福島第一から北西方向の強い汚染は、偶発的な気象条件（風向き、風速、降雨、降雪、条件滞在時間、など）によるもので、誰ひとり、予測も、対策も、不可能であったと思われます。

地方自治体や政府の会合において、慎重を期すために、事前会合により、国民の不安を引き起こさないように、話し合うことが、「秘密会」とか「裏会合」と言うのであれば、この世の中は、成立しないでしょう。と言うのは、政府も地方自治体も企業（新聞社やテレビ局など）も大学も、すべての組織が、そのようなことをして、世の中は、動いているのですから……。世の中のすべての会合は、委員人選、議長選出、議題、結論など、すべて、事前にシナリオが描かれており、それに沿って進行しているだけです。著者の所属する毎日新聞社の中での自身の位置もそのようなものなのでしょう。

ＮＨＫテレビは、国会中継をすることもありますが、あのように、的確に、スムーズに進行するのは、事前に、質問項目を渡しておき、関係省庁の担当者が、調査し、的確な答弁書をまとめているためです。著者が、問題視しているのは、それと、五十歩百歩の出来事でしょう。

政府は、国民に秘密裏に、米国といくつもの密約をしてきました。そうしないと国の安全は守れないのです。政治や経済や社会にかかわることは、すべての情報が公開されているわけではなく、特に、政治の世界などは、誰が何をして、意思決定や政策が策定されたのかなど、何が真実かわからないことばかりです。

誰が福島県の立場で尽力しているのか？

日本人は、どうして、人間に、色づけしたがるのでしょうか？　原子力分野の研究者が、原子力について、学術的に、世界的に、一般的に受け入れられている事実関係について、的確な解説すると、特別な色づけをされる傾向が強い。日本人は、心が貧しいためなのか、他人を色づけし、一方的に、揶揄するのが好きらしい。そのことで議論がいびつになり、間違った方向に向かわせています。

その反面、たとえ、研究者でも、異なった分野で、放射線医学や被曝リスクや被曝疫学の研究者でないにもかかわらず（小出裕章、今中哲二、崎山比早子〔高木学校で初めて被曝リスクの研究開始〕、牧野淳一郎、study 2007〔最近、がん死〕、武田邦彦、澤田哲生など）、持論を展開し、意図してか否か分かりませんが、結果的に、百害あって一利なしで、福島県民の心を傷つけ、妨害していても、不可解にも、歓迎されています。彼らは世界で実施された被曝疫学調査結果を形式的に解釈しており、それにどのような不確実性（さまざまな生活要因に起因する原因は、十数種もあり、それらと放射線被曝の影響を明確に分離して議論することができない）があるのか考察せず、信頼しきっていますが、それは、おかしいでしょう（放射線被曝が原因であることを明確に分析できる研究者は世界に、ひとりもいない）。自己主張したり、批判したり、被曝リスクを強調するだけでは、福島県の復興の妨害になるだけです。そのあたりのバランスを考えなければなりません。

彼らは外野で騒いでいるだけの妨害者にすぎません。その大部分は、福島県の当事者の内部者ではなく、利害関係のない無責任な外部者です。これまでの政府の対策や策定の内容は、たとえ、部分的に、不完全な事項があったとしても、ＩＣＲＰの技術基準を採用したものです。日本人は、欧米人と異なり、生活に潜むリスクの相対的位置づけができていません。リスクは、小さい方が好ましいのですが、それは、経済的に達成できる範囲で、必要なことは、全体的相対的低減策です。

桜井は、原子核実験や炉物理実験や原発安全解析の経験はありますが、実験を安全に遂行するに必要なＩＣＲＰの知識程度であって、決して、被爆医学や被曝疫学や被曝リスクの研究者ではないため、意識的に、その分野については、沈黙してきました。工学には、たとえ、分野が異なっても、共通する考え方がありますが、被爆医学や被曝疫学や被曝リスクは、やや異なる分野で、口出しできません。桜井は、ＩＣＲＰに代わる考え方や基準案を提案できないため、沈黙しているだけです。専門外の研究者が、他分野の文献を読み、すべて知り尽くしたとして、解説するのは、社会的に、許容できないくらい軽率です。

著者は、前書で、小出さんの「一mSv遵守」（一〇三頁）、後著で、study 2007さんの「一mSv遵守」（一七三〜一七五頁）というコメントに感激して、人生に開眼したかのような記載があります。しかし、一mSvに、絶対的な物理的意味はなく、ひとつの政治的めやす値にすぎません。それらは切りの良い数字です。被曝疫学調査を参考にして、生涯積算低線量被曝の切りの良い数字は、一〇〇mSvとし、人間の寿命の八〇〜八五歳に対して丸めて一〇〇歳、その結果、一〇〇mSv／一〇〇年間＝一mSv／年間という意識的に無意味な数字を強調しているだけです。著者は何も分かっていません。著者は、小出さんやstudy 2007さんのような素人同然の研究者の間違った解説に、いとも簡単に、ころりと騙され、人生に開眼したかのような錯覚に陥っています。

政府は、ＩＣＲＰの緊急時積算被曝線量二〇〜一〇〇mSv、復興時積算被曝線量一〜二〇mSvに対し、前者については下限値、後者に対しては上限値を採用しました。両者の数字を変更しなかったのは混乱を回避するための政治的判断だったのでしょう。問題があるとすれば、チェルノブイリの例（年間被爆線量五mSv）のように、復興時の値です。

著者の前著において、山下俊一さん（長崎大学理事、福島県立医科大学副学長、福島県健康リスク管理アドバイザー）へのインタビューが載っていますが、福島県に貢献した割には、否定的な扱いになっており、もっと、客観的評価が必要なように思えました。山下さん、「福島県民から信頼失ったと感じたのは、一〇〇mSv以下ならば安全と主張してきたのに、政府が二〇mSvを採用した時」と証言していますが、山下さんも政府も、ＩＣＲＰの範囲であって、緊急時二〇〜一〇〇mSvの上限値を採用するか下限値を採用するかの考え方の違いのみで、どちらが絶対的に正しいという物理的判断基準はなく、政治的判断にすぎません。

山下さんは、福島県民のために、「一〇〇mSv以下ならば大丈夫ですよ」と元気づけていますが、そのことが、科学的でないと言うのであれば、科学的に、「ヨウ素131による集団被曝線量の推定値と被曝リスク係数とから、致死的がん患者数を算出すれば、二一〇〇人となり、疫学調査の結果まで考慮すれば、数人から数百名となります」（桜井の推定値）と解説することが、正しいのかということになります。一〇〇mSv以下の世界は、リスクが勝るのか、その逆なのか、まだ、良く解明されておらず、誰ひとり断言できず、保守的評価を行うため、線形モデル（LNTモデル）が採用されているだけです。人間は、科学や論理で動いているわけではなく、感情で動いているのです。低線量被曝リスクについては、社会的に、慎重な対応が必要です。

国土が広大な米ソと違い、国土の狭い日本では、汚染地を捨てることはできず、カネをかけ、除染し、戻る以外なく、県外の部外者が、「そこは危険で住めない」と無責任な主張をすべきではない。生まれ育った地を捨てることは誰にもできないでしょう。桜井は、事故後、福島に、八回（福島第一、福島第二、その他）、訪れました。異様に感じたのは、いたるところに、汚染土を入れた大きな黒い袋が山積になっていたことでした。

なぜ小佐古敏荘さんは泣いたのか？

小佐古さんとは、専門分野が近いため（共通点は遮蔽研究、しかし、小佐古さんは放射線防護や保健物理も含む）、日本原子力学会研究専門委員会や原研研究委員会で顔を合わせていました。そのため、福島第一原発事故直後の緊急時根年間被爆線量（政府はＩＣＲＰ技術基準二〇～一〇〇㎜Svの下限値の二〇㎜Sv採用）にかかわる泣いての記者会見には（「高すぎて、それを認めたならば、これまでの学問を否定することになる」と）、いつも冷静で、無口な雰囲気の小佐古さんと違い、まったく別人の言動のように感じてしまい、驚きました（当時、東京大学教授兼内閣官房参与）。

年間被曝線量は、自然放射線と医療を除き、原発定期点検作業者は平均二㎜Sv、国際線乗務員は二㎜Sv（被曝線量をできるだけ抑えるために勤務回数を制限）、宇宙飛行士の宇宙ステーション滞在時間はＩＣＲＰ技術基準を遵守して一〇〇㎜Sv以下に抑えています。

妊婦や小児を含む福島県民に対し、二〇㎜Svと言うのは、原発定期点検作業者の一〇倍であり、誰が考えても、絶対に、許容されません。ここまでの事実関係だけならば、小佐古さんが泣いても、不思議ではない出来事です。

しかし、それは、ＳＰＥＥＤＩ計算や米軍機測定値の高さ一ｍの空間線量率から単純に算出した形式的な値であって、対象者は、一日中、屋外にいるわけではありませんから、さまざまな現実的な補正因子（たとえば、小学生であれば、学校での校舎の外と内の滞在時間、自宅での外と内の滞在時間、自宅内での睡眠時間、身体実効線量換算係数、建物遮蔽係数などすべての補正因子を考慮）をかけてやらなければ、現実的な値は、推定できません。

ですから、一日のうち、通学し時間含め学校で八時間、自宅での時間のうち、建物の内と外で八時間、睡眠時間八時間とすれば、大雑把な計算をすれば、二〇㎜Sv×〇・二五（計算や測定値の実効線量への換算係数、後者一〇九頁）×［一二／二四（学校や自宅での建物外での時間）＋一二／二四（学校や自宅での建物内での時間）×〇・五（建物遮蔽係数）］＝五mSv×（〇・五×〇・五×〇・五）＝五×〇・七五＝三・七五mSvとなります。チェルノブイリの時の復興期年間被曝線量は、ＩＣＲＰ技術基準の一～二〇mSvに則り、補正係数なしの形式的五mSvでした（旧ソ連では、今日まで、年間積算実効被曝線量をどのように評価してきたのでしょうか？）。

以上のような総合的評価をすれば、小佐古さんは、泣く必要があったのか否か、疑問になります。三・七五mSvは、国際線乗務員の年間積算実効線被曝線量二mSv並みで、緊急時や復興期であることを考慮すれば、現実的価値判断に基づけば、許容できないレベルではないように思えますが、いかがであろうか？

以上のことは桜井と小佐古さんの精神構造の違いに基づく差です。ここまで書くと、中には、自宅がなく、野外で生活しているひとのことまで考えているのかという批判を受けそうですが、そのような事例は、きわめて少なく、行政側が調査し、救済策とて、しかるべき厚生施設を提起すれば、良いだけです。緊急時や復興期には、理想論ではなく、現実的にできることを、確実に、こなすことが必要です。

宇宙飛行士の滞在期間

宇宙飛行士の宇宙滞在期間は、何によって制限されているのか、知っているひとは少なく、実際には、ＩＣＲＰの技術基準の遵守であり、年間積算被曝線量一〇〇mSv以下がめやすになっています

（桜井による宇宙開発機構への聞き取り調査）。宇宙飛行士の帰還後の長期にわたる疫学調査は、実施されているものの、データは、個人情報のため、公開されていません（桜井による宇宙開発機構への聞き取り調査）。人間の長期宇宙滞在は、回避できない被曝リスクのため、夢のまた夢の世界なのです。年間積算被曝線量一mSvの主張者も支援者も受容者も、宇宙飛行士の出発と記者会見をわがことのように喜んでいますが、被曝線量の考え方の矛盾に気づいていないのでしょう。

桜井の「リスク論」の体系化

「一般リスク論」や「被曝リスク論」の良い内容の書籍は、少なからず、存在しています。しかし、一〇〇mSv以下については、科学的に何が真実なのか、そして、最適被曝リスク評価とは、どのような根拠に基づくものなのか、考察してみたい。

客観的に考察すれば、低線量被曝リスク評価は、難しい問題です。人類は、バックグラウンドの異なる地域で生活し、生涯積算被曝量は、それだけで、三倍くらい異なります。どのような有意な差異が生じているのか、それをどのような確実な科学的方法で論証するのか、科学的方法と結果の体系化をしてみたい。

桜井は、最近の福島も含め、低線量被曝リスクにかかわる世界の疫学調査研究には、関心があり、関係文献を熟読吟味してきました。世界では、継続的に加算し、すでに四半世紀になります。

たとえば、

- 福島県小児甲状腺がん発生数（継続中）

・日本の放射線従事者被曝疫学調査結果（今中哲二「放射能汚染と災厄」五〇頁に調査結果の図と統計的信頼性〔p＝〇・〇二四〕の記載あり）
・米国の放射線従事者被曝疫学調査結果
・ドイツ原子力施設周辺小児がん発生数調査結果
・イギリス原子力施設周辺小児がん発生数調査結果
・トンデルらによるスウェーデンにおけるチェルノブイリ影響に起因するがん発生数調査結果
・オーストラリアにおける青少年のＣＴ被曝による白血病発生数調査結果
・オックスフォード妊婦腰部被曝調査結果

その中で、疫学調査の方法と結論が学術的に正しく、歴史に残るものがいくつあるでしょうか？小出さんや今中さんや崎山さんのような素人同様の研究者には桜井の問題提起の意味が分からないでしょう。

精度の高いものもありますが、統計的に信頼できないものが多く、みな、不確実性があり、桜井は、断言できる信頼性は、ひとつもないと解釈しています。小出さんや今中さんや崎山さんなどは、疫学調査結果を表面的に解釈し、内在する不確実性要因に目をつむって、非常に、単純な自己主張をしています。まさに、いま、不確実性の中にあるのであって、分からないことは分からないと言う以外にありません。

桜井は、二〇㎜Sv以下でも一〇〇㎜Sv以下でも、リスクがないとは考えていません。ただ、そのリスクは、生活上の十種種のリスク要因と比較し、特別なのかということです。生涯被曝線量において、食物から受ける影響が神経質になるほど大きいのかということです。桜井の経験から拠れば、生涯の被曝線量の支配的要因は、自然放射線と医療被曝（特に、CTスキャンなど）です。

桜井は、事故で避難中に多く被曝し、二〇mSv地域での生活者は、被曝リスクという視点から、科学的にともかく、精神的に許容できないと思っています。

スウェーデンのトンデルのように真面目な研究者は、学会論文誌に掲載された疫学調査の原著論文の結論に誤りがあり、修正の原著論文を発表しました。がん発生数には、さまざまな社会的・環境的要因があって、原因は、明確に区別できません。トンデルは、そのひとつの要因に気づき、修正しました。すべての疫学調査結果には、トンデル的問題（同じ要因という意味でなく、考えられる要因がいくつもあるという意味）が含まれています。

以上の不確実要因を明確に論証できれば、原著論文数編と学術書一冊が書け、博士論文となります。

福島県の小児甲状腺がん発生数は、本当に、他県と比較し、被曝との因果関係の有無を断言できるのでしょうか？　これまでの情報では、福島県立医科大学委員会では、有意な差ではないとされてきたと思いますが、それにも、不確実性が存在します。無理に有意とか無意と解釈しない方が良いと思います。自然発生率は一万人に数人という数字は有意で真実な結論でしょうか？

桜井が把握している新聞社やテレビ局などの闇

世の中の人達は、「そのようなことを主張する誰々は、電力会社からカネを貰っている」と良く言いますが、それは、世の中を知らない人達の勘ぐりで、実際には、ありません。そのようなことが言われるのは、マスコミ関係者の一部の特権を持った人達の言葉であって、自身の「体験論」を披露しているだけです。それは特権者の体験であって、誰にでも共通する一般論ではありません。東京工業大学助教の澤田哲生さんは、楽観的な原子力推進論を展開していますが、それにより、電力会社から、一円のカネも貰っていないと思います。電力会社が、そのようなおめでたいことをしていたならば、とっくの昔に、倒産していたでしょう。原子力界は、おそらく、澤田さんのような単純な原子力安全論の内容に不信感を持っていて、逆に、快く思っていないでしょう。桜井は、幅のある多様な議論をしていますが、電力会社から、一円のおカネも貰ったことは、一度も、ありませんでした。実際には、逆に、圧力の受けっぱなしで、時には、「訴える」ときつい話もありました。

新聞社社員やテレビ局社員など、マスコミ関係者は、特権を持っています。それは、報道内容によって、関係者の運命を左右できるだけの社会的力（特権）をっているためです。そのため、取材された企業は、新聞記者やテレビ局記者など取材者に対し、特別な配慮をしています。それは、いつも、お車代として、数万円の袖の下を渡していることです（朝日新聞社社員は、いかなる場合も、拒否していると聞いています）。記者は、そのような経験をしているため、特権とは知らず、世の中、すべてが、そのようなメカニズムで動いていると錯覚しているのです。カネを貰っているという価値判断は、マスコミ関係者から出た言葉であり、特権者の発言で、一般的には、通用しません。桜井のこれまでの経験からも、そのようなことは、まったく、ありませんでした。

自民党官房長官を務めた野中廣務さんは、在任期間中の内閣機密費の配分先を赤裸々に告白しました。各省庁担当マスコミ関係者への定期的な接待、部長クラスへの定期的な数十万円のお届け、政治評論家への百万円オーダーの調整費など（返却したのは田原総一朗さんひとりだけ、中には自ら請求したひともいた）、驚愕の内容でした。それどころではなく、内閣構成員の外遊に同行するマスコミ関係者には、一蓮托生の協力要請として、「夜の違法な特別接待」を用意しています（朝日新聞社社員は、いかなる場合も、拒否していると聞いています）。

マスコミ関係者は、そのような闇の世界に生きていながら、いまさら、きれいごとでもないでしょう。著者は、毎日新聞社社員ですが、そのような世界と無関係だと思えませんが、と言って、一般論であって、著者がそのようなことを経験しているという具体的な証拠は、押さえていません。あくまでも、一般論です。

なぜ岩波書店からの出版なのか？

著者は、業務上知り得た情報を基に二冊の著書をまとめ、毎日新聞社ではなく、岩波書店から出版手続きしたことに、どのような意図を持っていたのでしょうか？　もっとも、自社から出版しなければならない社会規則はなく、たとえば、『朝日新聞』連載「プロメテウスの罠」のように、小学館から出版した例もあり、そのような例は、枚挙に暇がないことでしょう。しかし、自社出版が原則であり、それができない特別な事情でもあるのでしょうか？　業務上知り得た情報を基に執筆した著書の印税は、当然、毎日新聞社に上納するのが筋ですが、そのような手続きをしているのでしょうか、それとも、主張とは、裏腹のきれいごとの世界ではなく、ネコババ体質なのでしょうか？

島薗進『つくられた放射線「安全」論――科学が道を踏みはずすとき』（河出書房新社、二〇一三）の感想

島薗先生は東京大学大学院人文社会系研究科でお世話になった宗教学の権威です。島薗先生の研究手法や表現法には、多くの学ぶべきことが多く、信頼できる研究者です。

優れている点一一項目

- 三・一一後、数千冊の書籍が出版されましたが（桜井は自宅近くの茨城県立図書館の新刊図書をすべて調査）、それらをランクづけした場合（A＋：特に良い、A：良い、B：普通、C：普通以下）、A＋と位置づけられます。
- 東京大学教授としての能力が十分に表れています。
- 文献調査と引用が良くなされています。
- 論理構成が良くできています。
- 学問的立場や価値観（脱原発）が明確に表現されています。

・対立軸と敵・身内と善悪の構造が明確に表現されています。
・喧嘩の仕方がうまいと感じました。
・社会科学の研究としては成功しています。
・社会運動論の教科書としても成功しています。
・啓蒙書ではなく、論証と記載法からすれば、学術書と位置づけられます。
・分析能力と論理構成と表現力など絶対的能力は、小出裕章さんや今中哲二さんよりも、比較にならないくらい、はるかに、上です。

より深い考察が必要な記載事項六項目

専門的内容であるため、社会科学と自然科学を良く分かっていないと、記載内容の優劣が分からず、単に、脱原発仲間の書籍といった単純な分類・同意・安心に終わってしまいます。

技術は、社会的要因に拠り、構成されていますが(技術社会構成論)、原子力が特別なように記載されてあり、技術社会構成論とそれに関係する人間の価値観や倫理などが影響因子であることを示しておく必要があるように思えました。

山下俊一さんなど、批判対象人物が批判されているほど悪いか否か、もっと、冷静に、客観的な評価が必要なように感じました。

福島第一原発事故発生中、政権関係者が、国民のパニックを防止するため、意識的に、自然科学的には曖昧な表現であっても、政治的な効果を優先した発言をしたことが、許容できないほど大きな欠陥であったのか否か、疑問に感じました。がん検診した受診者に対し、そのまま、正直に、その場で、「あなたはがんです」と告げることが、医師として、優秀で、正しい表現法なのでしょうか？　福島県の講演会で、被曝県民を前に、「被曝量は心配するほどでない」と励ますことは、科学的でないと批判されなければならないのでしょうか？

原発推進側の被曝基準緩和やホルミシス効果の主張は、実験結果を基にした学説であり、学問的立場が異なることを理由に、単純に否定できないように思えました。一方的に切り捨てているのは、自然科学的には、適切でないように思えます。

世界の疫学調査結果の解釈に対し、もっと深い考察が必要なように感じました。学術論文の記載内容はすべて真実ではありません。著者の意図しない不十分さが入り込んでいることに注意しなければなりません。被曝リスクの疫学調査には、放射線以外の影響が入り込むため、結果の解釈は、極めて難しいものがあります。たとえば、著者は、約半世紀前に、英オックスフォード大学で実施された、妊婦の骨盤X線検診の統計結果において、生まれた子供に、がんリスク四〇％の上昇が見られたことを真実として論理展開していますが、正常な妊婦は、骨盤X線検診を受けておらず、受けたということは、他に、いくつかの起因因子があることを示唆しているため、それらの因子の影響を考察しておかなければなりません。最近、オーストラリアで、青少年（数歳から十数歳）のCT検診の受診回数と被曝リスクについての疫学調査が発表され、統計的に有意で、明確ながん上昇が見られますが、それに対しても、単純な見方はできず、正常な青少年が、複数回のCT検診を受けているはずがなく（五〇～六〇歳でも、一回、受診しているか否かくらい）、そうしたのであれば、放射線以外の病気・服薬などによる影響因子を考察しておかなければなりません。これまで、世界で発表された被曝リスク疫学調査は、すべて、そのまま、結果の受け入れができず、注意深い考察が必要です。

社会科学的手法は、問題ありませんが、宗教学研究者ならば当然なことかもしれませんが、自然科学の知識と手法に、やや、弱さを感じました。

桜井　淳（さくらい・きよし）　1946年群馬生まれ。

1971年東京理科大学大学院理学研究科修了（理学博士)、2006年東京大学大学院総合文化研究科広域科学専攻研究生修了（科学技術社会論で博士論文作成)、2009年４月から東京大学大学院人文社会系研究科で「ユダヤ思想」や「宗教学」の研究中、2009年９月から茨城新聞社客員論説委員兼務中、2014年３月から静岡県防災・原子力学術会議原子力部会構成員兼務中。

物理学者・社会学者・哲学者・技術評論家（元日本原子力研究開発機構研究員、元原子力安全解析所副主任解析員、元日本原子力産業会議非常勤嘱託)、曹洞宗修行僧、巡礼登山家。

学会論文誌32編（ファーストオーサー21編）及び国際会議論文50編（ファーストオーサー40編)。

著書『桜井淳著作集』など単独著書33冊（単独著書・共著・編著・監修・翻訳など58冊)。現在、自然科学と人文社会科学の分野を中心とした評論活動に専念。

日本「原子力ムラ」昏迷記

2016年５月10日　初版第一刷印刷
2016年５月15日　初版第一刷発行

著　者　桜井　淳
発行者　森下紀夫
発行所　論創社
東京都千代田区神田神保町２－23　北井ビル
tel. 03（3264）5254　fax. 03（3264）5232　web. http://www.ronso.co.jp/
振替口座　00160－1－155266
装丁／宗利淳一
印刷・製本／中央精版印刷　　組版／永井佳乃
ISBN978-4-8460-1526-8